石油钻井作业操作规范与管理

马桂成　张旭光　主编

石 油 工 业 出 版 社

内 容 提 要

本书结合新型钻机的使用，对石油钻井作业各个岗位和主要工序的工作内容、岗位职责、操作规范、安全注意事项以及基层管理制度做了具体、明确的规范性要求。本书可供从事石油钻井作业的操作人员、工程技术人员、管理人员使用。

图书在版编目（CIP）数据

石油钻井作业操作规范与管理/马桂成，张旭光主编．北京：石油工业出版社，2002.9

ISBN 978-7-5021-3925-4

Ⅰ．石…

Ⅱ．①马…②张…

Ⅲ．①油气钻井-规范
②油气钻井-技术管理

Ⅳ．①TE2

中国版本图书馆 CIP 数据核字（2002）第 066995 号

石油工业出版社出版
（100011 北京安定门外安华里二区一号楼）
石油工业出版社印刷厂排版印刷
新华书店北京发行所发行

*

850×1168 毫米 32 开本 10.5 印张 285 千字
2002 年 9 月北京第 1 版 2010 年 9 月北京第 4 次印刷
定价：26.00 元

编 写 委 员 会

主　　　　任：张宝庄　单祥国

副　主　任：王立民　马桂成

主　　　　编：马桂成　张旭光

参加编写人员：景　彬　陈立红

韩国英　姚万生

徐志宏　夏全胜

肖　剑　吴和平

赵树海　仇立杰

前　言

近些年来，特别是中国石油天然气集团公司重组以后，激烈的市场竞争对工程技术服务单位基层建设提出了更高的要求。与此相比，我们的基层管理还存在着诸多不适应方面。以钻井队为例，一方面在基本操作规范与管理上，存在着系统规划比较粗放、内容老化、重复繁杂、要求不一、原则性规定多、操作性不强等问题；另一方面，随着近几年旧式钻机大量淘汰和大批新型钻机的使用，适用于新型钻机特点的操作规范尚未健全。这些问题在一定程度上制约了基层建设工作的加强。为了改变这种状况，有力推动基层建设工作，我们组织编写了《石油钻井作业操作规范与管理》一书，目的在于统一规范石油钻井作业基层管理，为基层建设提供一套简明实用、行之有效的基本操作规范和管理制度，促进钻井队基本素质和管理水平的提高。

本书内容共包括五部分：第一部分是钻井作业人员岗位职责，具体明确了各个岗位的主要工作内容和基本职责；第二部分是巡回检查路线及内容，针对不同钻机类型，提出了各岗位人员巡回检查路线、各检查点的具体检查内容和要求；第三部分是基本操作规范，对不同操作岗位分别提出了主要操作内容、基本操作规范和安全注意事项；第四部分是钻井作业主要工序基本操作要求，提出了钻机搬迁安装和从开钻到完井主要作业工序的基本操作要求；第五部分是钻井队基本管理制度，提出了钻井队需要建立的主要管理制度和有关要求。其中，有关钻机的操作和使用部分，是以近些年投产的新型钻机为对象编写的，包括 ZJ40L 型、ZJ20K 型、ZJ50D 型、ZJ70D 型钻机。

为了确保编写内容简明实用、符合实际，采取了集中编写和基层讨论修改相结合的办法。先集中编写初稿，然后送有关钻井公司和钻井队组织讨论、提出修改意见，再集中修改而成。

尽管我们尽力把工作做得更细，由于时间要求比较紧，难免有疏漏和不妥之处，请大家提出宝贵意见，以使工作进一步改进和提高。

编　者

2002 年 8 月 1 日

目　　录

第一部分　岗位职责

第二部分　巡回检查路线及内容

第三部分　基本操作规范

第四部分 主要作业工序基本操作要求

第五部分　基本管理制度

第一部分

岗位职责

队长岗位职责

全面负责钻井队生产、经营、行政、设备、QHSE 等管理工作。

1）按单井钻井工程设计、地质设计、合同、主管部门生产指令，全面组织生产；主持召开各种管理会议和生产例会，确保按时完成生产任务。

2）严格执行上级技术指令和质量要求，组织落实各项技术措施，取全取准各项资料。

3）组织开展技术培训、岗位练兵和新工人的上岗培训，严格技术考核制度，提高职工整体技术素质。

4）组织好单井成本核算，搞好成本分解，加强成本控制，降低消耗。

5）严格劳动组织和值班制度，落实岗位职责考核，搞活内部分配，改善职工生活和劳动保护条件。

6）严格执行设备管理制度，负责组织分工，将设备管理责任落实到岗位，确保正常生产运行。

7）全面负责贯彻执行 QHSE 体系标准，严格巡回检查制度，控制质量、安全和环保问题，对生产中的质量、安全和环保问题及时组织整改和汇报。

8）负责对各岗位 QHSE 的执行情况进行检查、指导、监督和宣传教育，定期举行急救、消防、井喷等应急演习，并负责应急预案的制定。

党支部书记岗位职责

全面负责钻井队党组织、工会、共青团、职工生活以及政治思想、宣传和法制教育工作。

1）认真贯彻执行党的路线、方针、政策及上级党组织的决议和规定。

2）全面抓好党支部建设，搞好班子团结，落实“三会一课”制度；做好发展新党员的工作。

3）负责指导工会、共青团的工作，促使其发挥应有的作用。

4）负责政治思想工作，抓好职工政治理论学习和政策教育以及形势任务教育，搞好双文明建设。

5）负责职工生活管理。关心职工生活，维护职工利益。

6）参加本队生产组织和经营管理。

7）协助队长抓好 QHSE 管理体系标准的宣传贯彻工作，教育和引导职工遵守 QHSE 管理的有关规章制度，纠正违章行为，并对执行情况进行监督检查。

副队长岗位职责

协助队长负责钻井队生产、经营、行政、设备、QHSE 管理工作。队长不在时履行队长职责。

1）具体负责本队设备管理。掌握本队设备动态，设备运转状况，设备完好状况，制定设备管理及维修保养措施，确保设备正常运行。

2）具体负责本队 QHSE 管理工作。结合 QHSE 管理体系标准的要求，负责制定并督促执行本队各项 QHSE 计划、制度与办法，对生产过程中的危害和影响因素进行识别、评价与削减管理。

3）检查和监督各班组生产过程中的 QHSE 管理及生产组织情况，及时解决施工期间存在的 QHSE 管理及生产中出现的问题，对违章人员进行制止、教育和处罚。对发生的设备事故和人员事故负责组织分析，调查事故经过和原因，填写事故报告（表）。

4）负责对岗位职工进行环保知识和污染防治技术的教育与培训，对施工现场、生活区环境及钻井队“三废”处理情况进行监督、检查。

5）负责本队的修旧利废工作。

6）协助队长认真贯彻执行相关质量体系标准，及时汇报钻井生产中的质量问题，按纠正措施组织实施，负责本队 QHSE 活动的记录。

7）负责队里安排的其他工作。

钻井工程师（技术员）岗位职责

负责钻井队技术、工程资料、新技术及新工艺的推广与应用、技术培训、钻井工程质量工作。

1）负责钻井队技术管理，保证甲方和工程技术部门各项技术指令和安全技术措施的贯彻落实，并负责钻井技术交底工作。

2）根据甲方下达的地质、工程设计书，负责制定施工计划和技术措施。

3）负责钻具、钻头的管理，参数仪、自动记录仪、测斜仪的使用、检查及维护，参与设备安装质量的检查、校正和验收工作。

4）负责组织各项重大工程和特殊作业的施工、准备与检查，处理井下复杂情况和井下事故，制定技术措施和要求，并负责各种特殊工具的草图绘制和相关技术标准的实施。

5）负责钻井队技术培训，组织和实施钻井新技术、新工艺的推广与应用；负责计算机管理。

6）负责钻井施工质量控制，执行相关 QHSE 体系标准。

7）严格执行井控管理制度，负责组织现场井控设备的安装、试压、维护工作，负责现场防喷演习的组织和讲评工作。

8）负责审查工程班报表，填写井史，收集、整理、保管各项工程技术资料并按时上报；严格执行每日汇报制度。

机械工程师岗位职责

负责钻井队所有机械设备的技术管理和维修工作。

1）负责督促、检查、指导钻井队职工严格执行设备安全操作规程和维护保养制度。

2）对钻井队设备所发生的重大故障进行处理，分析原因，制定措施，并向设备管理部门汇报，若发生重大设备事故，必须向设备管理部门上交事故报告。

3）负责检查钻井机械设备、动力设备、循环系统机械设备保养报表填写情况，并抽查各保养点是否与记录相符。

4）负责纠正和制止各岗位违反操作规程以及安全规定的操作与作业。

5）认真填写工作日志和设备检修记录，督促检查生产班组认真填写设备质量记录，并负责完成每口井的设备质量总结报告。

6）负责编制井场设备耗油计划，设备检修和机加工计划，器材、备件的消耗计划，并按时上报。

7）熟悉和掌握现场所有机械设备及零配件的性能和加工工艺要求，负责绘制现场所需零配件的加工图，并组织加工。

8）负责操作人员的技术指导和技术培训工作。

9）按照 QHSE 管理标准的要求，负责监督、检查现场所有机械设备和周围环境的卫生和环境保护工作。

电气工程师岗位职责

负责钻井队所有电气设备的技术管理和维修工作。

1）负责督促、检查、指导钻井队职工严格执行电气设备操作规程和维护保养制度。

2）对钻井队电气设备所发生的重大故障进行处理，分析原因，制定措施，并向设备管理部门汇报；若发生重大电气设备事故，必须向设备管理部门写出事故报告。

3）负责组织安排操作人员的日常工作和对电气设备保养及检修工作，督促、检查操作人员对井场的应急设备的电气进行维护保养，填写各种电气设备运行记录、质量记录和报表。

4）负责编制所属电气设备的检修计划和配件、材料的订购计划，并按时上报。

5）负责电气设备有关仪器仪表的检定工作。

6）认真填写工作日志和电气设备检修记录，并负责完成每口井的电气设备质量总结报告。

7）负责对操作人员进行技术指导和技术培训工作。

8）按照 HSE 管理标准的要求，负责监督、检查所有电气设备和周围环境的安全、卫生和环境保护工作。

司钻大班岗位职责

全面负责钻井队钻台设备、钻井泵的管理和维修，落实设备管理制度和各项操作规程。

1）负责开钻前、事故处理等工序的设备准备工作。

2）指导和协助生产班组进行钻井设备维修和零部件的更换，对设备故障隐患不能及时排除时，应及时向主管队长和设备主管部门报告。

3）负责钻井设备和工具的配套、送修工作，提供相应的材料计划，具体组织修旧利废工作。

4）协助钻井队技术员进行职工技能操作培训。

5）负责钻台安全防护设施的管理，制止、纠正各类违章指挥和违章作业。

6）负责电气焊设备及工具的操作和保养管理，兼任钻井队电气焊操作岗位（需培训合格并取得电气焊操作许可证）。

7）协助队长搞好生产管理，针对生产中存在的问题，提出整改意见。

8）按照 HSE 管理标准的要求，负责组织设备的安装、调试和试运转工作。

9）负责检查机械设备运转保养记录，填写设备运转综合月报表，并负责保管和及时上报设备管理部门。

机电大班岗位职责

全面负责钻井队动力、电器设备、并车传动装置的管理和维修，落实设备管理制度和各项操作规程。

1）负责机房和发电房工作，保证机房和发电房各设备的正常运转。

2）负责全部动力、电器设备的安装、校正，确保安装质量达到标准；按照柴油机和发电机的操作规程定期进行检查、保养，切实做好“十字”作业；负责组织机房人员进行维修，对不能排除的故障隐患和设备事故及时向主管队长和设备管理部门报告。

3）负责制定动力、电器设备的更换、油料、配件计划，管好备用及待修设备。

4）负责油料的验收工作，严格油水管理，监督检查油料的使用情况。

5）负责机房、发电房人员业务、技能培训及技术安全教育；组织开展技术革新。

6）负责机房、发电房的 QHSE 管理工作，执行并督促 HSE“两书一表”有关规定的落实。

7）及时汇报钻井施工过程中的设备质量问题，协助主管队长按纠正措施组织实施，并做好过程记录。

8）负责检查动力、电器设备运转保养记录，填写设备运转综合月报表煌设备档案，并负责保管和及时上报设备管理部门。

9）负责井场、生活区及其他各电力线路、电器设备的管理与维修。

钻井液技术员（大班）岗位职责

全面负责钻井队钻井管理、固控设备的管理和维修及有关技术措施的贯彻执行。

1）负责执行主管部门制定的钻井液技术措施，搞好口井技术交底和钻井液性能的调整及维护工作。

2）负责调查和收集邻井钻井液的使用情况，制定本井钻井液材料计划和钻井液技术措施，指导本井钻井液管理，如需改变钻井液性能和钻井液体系，必须经主管部门同意。

3）全面掌握钻井液性能。遇以下情况时必须到现场组织处理钻井液：钻井液性能发生大幅度变化；起下钻遇阻遇卡；钻遇高压油、气、水层；打开油气层；处理井下复杂情况和事故；电测遇阻；裸眼测试。

4）指导和督促钻井液工使用、保养好固控设备，并进行固控设备的维修和零部件的更换，对不能排除的设备故障隐患，应及时向主管队长和设备主管部门报告。

5）负责钻井队钻井液工的技术培训；检查各班钻井液工的工作，并进行业务指导。

6）负责钻井液材料的使用、管理和钻井液测量仪器、仪表的检查、校正、送修和管理。

7）负责制定特殊井、复杂井的钻井液处理措施，做好小型钻井液实验，并指导钻井液工进行常规试验工作。

8）负责钻井液罐区及周围的环境保护管理工作，控制钻井液总量，防止污染环境。

9）负责检查净化设备运转、保养记录的填写是否正确、整洁；并负责全井钻井液资料的收集、整理及完井钻井液总结，同时负责保管和及时上报专业部门。

司钻岗位职责

负责组织本班生产工作和劳动分工，保证安全、优质、高速、低耗地完成生产任务。

1）负责操作刹把和司钻井控操作台，严格执行质量标准、操作规程和技术措施。

2）检查全班对巡回检查制、交接班制、设备维修保养制的执行情况，操作规范化，督促全班合理、正确使用设备。

3）组织全班按生产任务书搞好生产；严格执行钻头、钻具使用管理制度和钻井液净化及处理措施，正确判断和处理井下情况，特殊情况应及时向值班干部汇报。

4）负责本班岗位练兵、新职工的岗位培训工作，做到“四懂三会”，即懂原理、懂结构、懂性能、懂用途；会使用、会保养、会排除故障。

5）负责本班的 QHSE 管理工作，坚持定期开展 QHSE 活动，检查各岗位 QHSE 工作情况，发现不安全因素和钻井质量问题及时进行处理，不能及时处理的，要采取防范措施，及时汇报。

6）负责主持班前班后会，审查工程班报表、QHSE 活动记录并签字；负责控制生产用料，搞好班组成本核算。

副司钻岗位职责

协助司钻搞好全班工作，司钻不在时顶其岗位。

1）负责钻井泵、高压循环系统及充气机的使用、维护和保养。

2）负责操作猫头。测斜时，负责测斜绞车的操作。

3）协助钻井液工维护、调整钻井液性能，复杂情况时注意钻井液液面变化，起钻时负责向井内灌钻井液。

4）负责检查和管理防喷器、远程控制台、节流管汇、压井管汇、液气分离器及泵房的工具、材料。

5）负责泵房的安全管理，按 HSE 管理的要求做好泵房区域的清洁卫生和环境保护工作。

6）负责内、外钳工和场地工的协调与管理。

7）协助司钻搞好全班 QHSE 管理工作，并负责班组材料管理及填写本班质量记录。

井架工岗位职责

负责二层台的安全操作，副司钻不在时顶其岗位。

1）协助副司钻管理泵房和防喷器；正常钻进时组织本班完成辅助工作。

2）负责游动系统（天车、游车、大钩）、水龙头、自动上扣器、吊环、转盘、节流阀控制箱的检查、保养和维护工作。

3）负责井架、底座各部位设备的检查、清洁与固定。

4）负责井架附件（包括滑轮、绳索、钩子、保险带、操作台、立柱排放架、立管、照明设备）、底座及大绳抽倒装置的检查、固定、保养和清洁工作。

5）担任本班组 HSE 监督员，监督检查本班 HSE 工作执行情况，坚持班前会安全讲话，班后会安全讲评；发现事故隐患和违章行为要及时整改和纠正。

6）负责取心工具的检查、维护和保养，并协助副司钻检查、保养节流和压井管汇。

7）负责二层台气动小绞车的检查、保养、清洁工作。

8）负责防喷器、保护伞、压井管汇、节流管汇维护和井口周围的卫生，并负责填写本班 HSE 活动的记录。

9）负责接单根及下套管时操作气动（液压）绞车。

内钳工岗位职责

负责内钳的操作，井架工不在时顶其岗位。

1）负责绞车、辅助刹车、爬台万向轴（40L，40J 钻机）及各护罩的检查、保养和清洁工作。

2）负责水柜（水罐）和循环冷却水泵及钻台各气、水、液压油管线的检查与清洁。

3）负责内钳和液气大钳的操作、保养和清洁；做好起下钻、接单根的准备工作。

4）负责参数仪、立压表的检查、保养和清洁工作。

5）负责大绳、排绳器及起下钻钻具的检查工作。

6）负责填写钻台设备运转记录。

外钳工岗位职责

负责外钳的操作，内钳工不在时顶其岗位。

1）协助副司钻、井架工、内钳工搞好设备修理和保养。

2）负责猫头绞车（40L，40J 钻机）和转盘传动装置及护罩的检查、保养和清洁工作。

3）负责井口工具（吊卡、卡瓦、安全卡瓦、钻头盒、防喷盒）、提升短节、配合接头、内防喷工具、钻台手工工具的准备及检查、保养和清洁。

4）负责外钳和气动（液压）绞车的检查和维护保养。

5）负责钻台栏杆、大门坡道、梯子及扶手、安全滑道、升降机（电动钻机）的固定与清洁。

6）负责钻台及钻台偏房清洁维护。

7）负责螺纹脂的补充和更换，起钻时负责排好钻具，下钻时负责钻具螺纹清洁并涂好螺纹脂。

8）负责做好起下钻及接单根时的接头、提升短节、安全卡瓦、卡瓦、吊卡、钻头、手工工具和各种绳套的准备工作。

9）负责起下钻中钻具质量的检查。

10）负责钻台上下及钻台偏房的卫生与环境保护工作。

场地工岗位职责

负责钻具检查、清洁及振动筛的使用和保养；外钳工不在时顶其岗位。

1）负责井场钻具、管材的排放、管理和编号以及螺纹清洁、水眼畅通，钻进时准备好单根。

2）负责值班房用具、场地用具（工具）、绳套、爬犁等的管理和清洁。

3）负责送井材料的归类和摆放，以及场地、值班房的清洁卫生与环境保护。

4）负责污水泵的使用、管理和保养，搞好排污池的维护与管理，防止废钻井液、污水乱排乱放而造成环境污染。

5）负责填写工程班报表、钻具记录，协助钻井液工做好液面监测工作。

6）负责消防设备及工具的检查、保养及管理。

7）负责振动筛、高架槽的检查、保养及清洁。

钻井液工岗位职责

认真贯彻执行钻井液管理措施，在钻井液技术员（大班）的指导下，负责钻井液的日常处理和维护工作。

1）负责钻井液处理剂的使用和保管；负责送达井队各种处理剂的验收、入库。

2）负责钻井液性能的测量和仪器的使用、维护和保管；完成钻井液技术员（大班）布置的试验任务。

3）负责钻井液净化工作及除砂器、除泥器、离心机、除气器的使用、维护和保养，并负责钻井液用水的准备。

4）负责搅拌机、加重漏斗的使用、保养和管理，并负责液面报警器的管理，保证灵活好用，负责钻开油气层后钻井液变化监测工作。

5）严格执行 QHSE 管理标准，负责钻井液罐区和值班房的卫生和环境保护，防止钻井液乱排、乱放，杜绝污染事故。

6）负责填写钻井液原始记录，协助场地工搞好坐岗记录，协助钻井液技术员（大班）整理钻井液资料。

机电工岗位职责

负责本班机房和发电房工作，做好动力设备的使用和保养，确保正常运转。

1）负责柴油机、液力传动装置、并车传动装置、发电机组、SCR装置、MCC装置、变压器、电动压风机（房）、自动压风机、干燥器（机）、储气罐、蒸汽发生器等设备的操作（或指导操作）及检查、保养工作。

2）负责本班设备油、水使用与管理工作及电器、电路、油路、气路的检查。

3）认真执行各项设备管理制度和设备操作规程；负责一般机械、电、气故障的处理和零部件更换，随时掌握设备运转情况。

4）及时汇报钻井生产中的设备质量问题，协助机电大班搞好机房设备的维护与保养，并负责填写设备质量记录。

5）严格执行QHSE管理标准，负责按指定地点存放和上交机房的废油、废水，防止环境污染。

6）负责填写好动力、控制设备运转记录和报表。

机电工助手岗位职责

负责发电房设备的正确使用、维护、保养工作，保证机组正常运转；机电工不在时顶其岗位。

1）负责机房、发电房和机械（机电）修理房的工具、仪器的管理与清洁；负责照明设施、机房材料、配件的管理以及机房和发电房消防设施的管理、检查、保养。

2）负责井场和宿舍电路一般故障的处理与维修；负责钻井

队搬迁过程中动力线、照明线的收放，并按规定正确接线。

3）负责发电机组、电瓶（配电房）及工具的维护、清洁和油罐区的维护和清洁。

4）严格执行 QHSE 管理标准，负责发电房、油罐区的排污及环境保护工作；负责油料的回收工作。

5）协助机电工维修机房动力、电器设备，排除控制系统等的故障。

6）负责填写发电机组的运转记录。

成本员岗位职责

严格执行国家以及企业财务制度和工资政策，负责钻井队成本核算，负责工资、费用的领取、报销和发放工作。

1）负责单井成本核算。开钻前公布单井预算成本，完井后及时收集结算单据，办理单井决算，公布全井实际成本，并写出单井成本分析。

2）负责钻井队现金管理和内部成本本票的领取、保管、支付和结算工作，成本本票视同现金管理，及时记账、对账，做到账实相符。

3）按照企业工资政策和本队内部分配办法，负责工资和绩效工资的领取和发放及台账登记。

4）负责钻井队各类证件的保管、审验和校证工作，负责各类原始凭证、工资发放表等资料的维护与保管。

5）负责办公用品的购买、保管、发放以及各项费用的核销、报销。

6）协助队长搞好职工考勤的审查工作，协助班组搞好经济核算及记分记奖工作，审查和汇总班组及个人记分。

7）负责财务成本报表、工资报表的填写、保管和上报工作。

材料员岗位职责

负责钻井队劳保用品和所需材料、配件的领取、验收、保管和发放及回收工作。

1）负责编制材料、配件计划，严格材料管理制度，不因缺料而影响生产。

2）负责材料房的管理，做到摆放整齐，账卡物相符，材料领用有记录，并做好材料的防护。

3）严格执行交旧领新制度，包装用品一律上交，搞好修旧利废工作。

4）负责本队职工劳保卡片管理，按时按规定领取和发放劳保用品。

5）严格执行材料结算制度，协助成本员搞好成本核算工作。

6）负责消防器材的领取、保管和检查工作，保证其不过期、不失效。

7）负责材料房及周围的卫生和环境保护工作。

8）填写所负责的质量记录，及时汇报领用材料的质量问题，协助队长按纠正措施组织实施，并做好过程记录。

管理员岗位职责

全面负责食堂及炊事人员的管理工作。

1）负责职工生活的全面管理，计划、安排好职工的日常生活。

2）负责组织食堂成本核算工作，指导炊事人员正确使用炊事工具、机械和食堂其他设施。

3）负责监督、检查炊事人员贯彻执行《食品卫生法》及各项卫生制度和食堂管理制度。

4）负责食品的采购工作，不购买腐烂、变质、过期的食品，杜绝食物中毒。

5）严格执行 QHSE 管理规定，负责营区环境管理，保持营区清洁，对废弃物、生活污水进行处理，防止对环境造成污染。

6）参与炊事人员的日常工作，掌握好伙食标准，调剂好职工生活。

7）负责定期组织炊事人员进行健康体检，搞好个人卫生，防止疾病传染，并负责生活水及水罐的管理和卫生工作。

8）负责食堂账目和现金管理，保证账实相符，并负责每月公布一次账目，定期向伙委会汇报工作。

炊事班长岗位职责

负责组织安排炊事班日常工作，带领全班搞好饮食服务，满足职工需要。

1）负责制定食谱，按照食谱做好主副食，做到饭菜营养均衡。

2）负责组织炊事人员管理食品、炊具、用具、炊事机械和对炊具、用具、炊事机械的维护、保养及消毒工作。

3）负责购回物品的验收、入库工作以及钱、票的回笼转交工作。

4）负责食堂库房管理工作，保管好各种物资，做到摆放规格化。

5）严格执行 QHSE 管理标准，负责监督、检查食品卫生和炊事人员、操作间、炊具、用具、炊事机械及食堂周围的卫生和环境保护工作，严防食物中毒。

6）负责炊事人员的业务指导，提高炊事人员技术素质。

炊事员岗位职责

负责炊事班日常工作，搞好饮食服务，满足职工需要。

1）提高烹调技术，变换饭菜花样，计量下锅，杜绝浪费。

2）协助炊事班长制定食谱，按照食谱做好主副食，做到饭菜营养均衡。

3）负责食品、炊具、用具、炊事机械的管理和炊具、用具、炊事机械的维护、保养、消毒工作，做到合理使用、安全操作。

4）认真搞好个人卫生，按规定定期体检，穿戴整洁，操作时禁止吸烟等不良行为。

5）协助炊事班长做好购回物品的验收工作。

6）严格执行 QHSE 管理标准，负责食品卫生和操作间、炊具、用具、炊事机械及食堂周围的卫生和环境保护工作，防止食物中毒。

第二部分

巡回检查路线及内容

ZJ40L 钻机

1　值班干部巡回检查路线及内容

1.1　检查路线

值班房→钻井液化验室→地质房→井控主要设备→钻台→井架及底座→绞车及电磁刹车→机房→循环罐区→钻井泵→井场→材料房→值班房

1.2　检查了解内容

1.2.1　值班房

1）检查工程班报表、交接班记录、井控记录、坐岗记录、钻具记录、机械设备运转、保养记录的填写是否及时、准确、规范，字迹是否整洁，填写有无错漏。

2）查看值班房是否清洁卫生。

1.2.2　钻井液化验室

1）检查钻井液班报表，查看钻井液性能参数是否符合设计要求及满足施工要求。

2）化验仪器、药品储藏瓶摆放整齐、完好、清洁。

3）化验室清洁卫生。

1.2.3　地质房

了解井深、钻时、地层岩性以及录井情况，关注地质有关地层变化、异常高低压、油气显示、防硫化氢提示等。

1.2.4　井控主要设备

1）防喷器安装牢固，固定螺栓齐全无松动。

2）防喷器扶正固定正反扣螺栓调节合适，无松动。

3）防喷器连接法兰紧密无渗漏。

4）压井管汇和节流管汇各闸门灵活好用，处于待命工况，连接法兰螺栓齐全、紧固无松动。

5）放喷管线固定牢固，井场允许时长度不小于75m。

6）远程控制台设备正常，维护良好，电源线及控制开关、液控管线符合井控要求。

1.2.5 钻台

1）防碰天车绳松紧合适、无打扭及缠挂井架现象，防碰装置工作正常，刹车可靠。

2）井口工具齐全完好、摆放整齐，保养维护良好，灵活好用无卡滞，安全销或固定螺栓齐全等。

3）吊绳、钳尾绳固定牢靠，无断丝。

4）猫头绞车保养良好，猫头光滑无沟槽，挡板齐全，滚杠转动灵活。

5）司钻操作箱各仪表、气控阀完好，气路正常，刹把高低合适。

6）参数仪、立管压力表灵敏、准确、清洁。

7）转盘及转盘传动装置固定牢固，润滑油油量、油质符合用油要求，传动链条及万向轴完好，各支承轴承运转时温度正常，滚子方补心螺栓紧固。

8）提升系统（天车、游车、大钩、水龙头、大绳等）：

（1）天车、游车、大钩保养良好，运转正常无卡滞。

（2）水龙头运转正常无卡滞，润滑油油量、油质符合用油要求，水龙头提环、自动上扣器、冲管密封圈保养良好，水龙带、吊环、气动马达保险绳齐全、有效。

（3）大绳断丝一扭不超过3丝，死绳固定器各固定螺栓无松动，挡绳杆齐全。

9）液气大钳、液压站运转正常，维护完好。

10）钻台偏房清洁卫生，工具排放整齐、清洁。

11）气动绞车保养良好，钢丝绳无断丝并排列整齐。

12）钻台栏杆、安全滑梯、上钻台梯子及扶手固定牢靠，卫生清洁，钻台上各梯子及坡道口防护链齐全并挂牢，安全滑梯固定牢靠，缓冲砂数量足够。

13）钻台上润滑油、润滑脂、螺纹脂按要求保管、使用。

1.2.6 井架及底座

1）井架、底座及钻台偏房支承架各杆件无变形。

2）各连接销及其剪切销、别针齐全。

3）底座与基础接触良好，无悬空。

4）起放井架专用钢丝绳保养良好。

1.2.7 绞车及电磁刹车

1）绞车固定螺栓无松动，润滑保养良好，运转正常。

2）活绳端固定符合安装要求。

3）刹带、刹车毂完好，磨损量符合要求。

4）平衡梁调节符合要求，刹车曲轴轴套无松动。

5）刹车气缸灵活，固定牢靠。

6）电磁刹车固定螺栓无松动，运转正常。

7）循环冷却水水量、水质符合使用要求，水泵运转正常，水、气龙头灵活好用，管线畅通，不漏水、气。

8）绞车及电磁刹车清洁。

1.2.8 机房

1）各柴油机及液力变矩器、并车传动装置、压风机等固定螺栓无松动，运转正常，各仪表指示准确。

2）机房偏房清洁卫生，手工具齐全，摆放整齐、清洁。

3）机房各照明设施齐全、防爆。

4）油罐储油量满足施工要求，管线连接紧密无滴漏，打油泵运转正常，接地良好，防爆。

5）发电房干燥、清洁，发电机运转正常，各仪表齐全、准确、灵敏。

6）配电房温度合适，通风良好，电压表、电流表等指示正常，各电器开关完好，用途标识明确。

7）检查机房设备运转、保养记录的填写是否及时、准确、规范，字迹是否整洁。

8）消防器材符合使用、存放要求。

1.2.9 循环罐区

1）各罐钻井液量充足，连接管线紧密，阀门进出口畅通。

2）各罐搅拌器运转正常，卫生清洁。

3）液面报警器卡位正确、反应灵敏。

4）储备罐钻井液（清水）储量及性能符合设计要求，供水泵运转正常，水源充足。

5）循环罐梯子固定牢靠，并系好保险绳，走道、栏杆无变形，固定可靠。

6）各钻井液罐卫生清洁，各电器线路接线标准。

7）净化设备固定牢靠，运转正常，接地良好、卫生清洁，并检查振动筛返砂及钻井液返出情况。

8）高架槽固定牢靠，槽内无沉砂，不漏钻井液，槽外卫生清洁。

9）药品罐固定牢靠，无跑冒现象，清洁卫生。

1.2.10 钻井泵

1）钻井泵润滑良好，油量、油质符合使用要求，排污阀完好，按规定要求及时排污。

2）拉杆卡箍螺栓齐全、紧固，缸套活塞不刺漏钻井液，冷却水清洁。

3）运转无杂音。

4）上水部分密封好，不漏气，排水部分不刺不漏。

5）安全阀可靠，保险销定位符合规定，泄压管线安装符合要求。

6）压力表齐全、准确、灵敏清洁、方向正确。

7）喷淋泵运转正常，润滑良好，皮带松紧合适，护罩齐全可靠。

8）地面高压管汇闸门开关位置正确，管线不跳动。

9）法兰、活接头连接紧密，不刺不漏。

10）钻井泵传动皮带松紧合适，护罩齐全牢靠。

11）泵底座与基础之间无悬空、倾斜。

12）钻井泵卫生清洁，地面平整，排污及时。

1.2.11　场地

1）场地平整，无杂物。

2）钻具排列整齐，分类排放并检查使用情况。

3）消防工具（房）齐全，摆放整齐，消防砂足量。

4）消防器材做到“三定一挂”管理（定人、定岗、定期检查、挂牌管理）。

1.2.12　材料房

1）材料房各种备用材料齐全，摆放整齐。

2）用料有记录，账、卡、物相符。

3）安全防盗，卫生清洁。

4）爬犁位置合理，物品摆放整齐并盖好。

1.2.13　值班房

1）召开班前会，下达生产任务，明确安全操作要求，安排辅助工作，在生产任务书上签字。

2）对交接班中因交接不清需协调的问题进行协调解决。

3）召开班后会，总结班组生产及 QHSE 执行情况。

2　司钻大班巡回检查路线及内容

2.1　检查路线

值班房→提升系统→转盘→猫头绞车→转盘传动装置→液气大钳→气动绞车→司钻操作箱→气路→绞车→电磁刹车→水柜→钻井泵→振动筛→材料房→机械修理房→值班房

2.2 检查了解内容

2.2.1 值班房

1）查看工程班报表，了解井深及施工工况。

2）审查机械运转、保养记录的填写是否及时、准确、规范、字迹整洁，有无漏填内容，并就当天的机械运转、保养记录填写质量做签认。

2.2.2 提升系统

1）天车、游车、大钩按规定要求保养，运转正常无卡滞。

2）水龙头运转正常，润滑油油量、油质符合用油要求，水龙头提环、自动上扣器、冲管密封圈等按规定要求保养，水龙带、吊环、气动马达的保险绳齐全、有效。

3）大绳断丝一扭不超过 3 丝，死绳固定器各固定螺栓无松动，挡绳杆齐全。

2.2.3 转盘

1）用油符合要求，润滑良好。

2）各定位螺栓齐全牢靠，转盘运转无杂音。

2.2.4 猫头绞车

1）油量够、油质符合用油要求，润滑好，黄油嘴齐全。

2）各部位固定螺栓齐全牢靠，护罩完好。

3）自动猫头灵活好用，钢丝绳完好、连接可靠。

2.2.5 转盘传动装置

1）油量充足、不变质、润滑好、黄油嘴齐全。

2）各部位固定螺栓齐全牢靠，护罩完好。

3）密封性好、无漏油。

4）万向轴润滑良好，连接螺拴无松动。

5）各离合器固定牢靠，气囊、摩擦片完好，磨损量不超过规定值，钢毂无油污。

2.2.6 液气大钳

1）吊绳及尾座固定牢靠。

2）液、气控元件固定完好，连接管线紧密，快放阀灵活好用，离合器完好。

3）钳头、堵头尺寸与钻具尺寸相符。

4）液压站油量、油温、油压、油质符合使用要求，表面清洁。

5）液压站电动机、柱塞泵运转正常、无杂音。

2.2.7 气动绞车

1）油量、油质符合使用要求，运转正常。

2）固定牢靠，护罩齐全完好，刹车可靠。

3）钢丝绳排列整齐、无断丝，长度合适。

4）吊钩与钢丝绳连接符合要求，钩口安全装置齐全有效。

2.2.8 司钻操作箱

1）操作箱及气控元件固定牢靠，工作正常。

2）各压力表齐全、准确、完好，固定牢靠。

3）气管线连接紧密、不漏气。

4）刹把高低位置合适（与钻台面成45°）。

2.2.9 气路

1）各气控元件（开关、继气器、导气龙头、快放阀等）工作正常、固定牢靠。

2）气管线、接头连接正确，紧密不漏气。

3）防碰天车过卷阀、重锤阀灵活可靠，气路畅通。

4）刹车气缸固定可靠、不窜气、进排气正常。

5）各离合器气囊完好，不漏气。

6）冬季施工时应做防冻检查。

2.2.10 绞车

1）刹车系统连接固定、可靠，润滑好，灵活好用。

2）平衡梁调节平衡，左右间隙相等，刹带吊钩、托轮调节符合规定标准。

3）刹带调节螺丝灵活、好用，背帽齐全，刹带片与钢毂的磨损量不超过规定值。

4）活绳头固定符合要求，钢丝绳排列整齐，断丝不超过规定值。

5）滚筒冷却水进出畅通、不漏水。

6）各支承轴承润滑良好，黄油嘴齐全。

7）各固定螺栓齐全牢靠，护罩齐全完好。

8）链条松紧合适、剪切销齐全完好。

9）机油泵工作正常，滤清器清洁，油管线畅通、连接紧密、油压正常。

10）各离合器固定牢靠，摩擦片完好，磨损量不超过规定值，钢毂表面无油污。

2.2.11 电磁刹车

1）各固定螺栓齐全牢固。

2）滑键离合器灵活好用，轴承润滑良好，黄油嘴齐全。

3）鼓风机运转正常（水冷式：冷却进水温度不超过 70℃）。

2.2.12 水柜

1）冷却水（软化淡水）量充足、清洁无杂物。

2）水泵运转正常，润滑好，密封圈密封好，连接管线不漏水。

2.2.13 钻井泵

1）皮带轮固定牢靠，皮带齐全、不打扭，松紧合适，护罩固定牢靠。

2）运转无杂音，齿轮油量充足，不变质。

3）十字头滑板上油好，十字头销子紧固。

4）各轴承润滑好，油道畅通。

5）各固定部分螺栓齐全牢靠、不漏油和钻井液，运转正常。

6）液力端上水，排水正常。

7）喷淋泵工作正常、不漏水，皮带齐全，护罩固定牢靠。

8）空气包工作压力正常，固定螺栓齐全牢靠。

9）安全阀销子定位正确、润滑良好、安全可靠，泄压管排出方向正确、固定可靠。

2.2.14　振动筛

1）电动机固定及运转正常，不发烧，电线不裸露、搭铁，接地良好。

2）筛架振动正常，螺栓紧固，筛布完整，偏心轴固定且润滑好，皮带松紧合适。

2.2.15　材料房

1）检查各种配件备用数量，及时提供材料计划。

2）氧气、乙炔库存量满足施工要求，氧气瓶、乙炔气瓶隔离存放。

2.2.16　机械修理房

1）电焊机工作正常，护罩齐全，接地完好，不漏电，焊钳完好，搭铁与焊钳线长度相等、焊线不裸露。

2）气割用具完好、不漏气、安全可靠。

3）配件修理、备用情况（随时做好更换易损件的准备）。

4）工具柜各种工具齐全完好、摆放整齐。

5）房内摆放合理、整齐，卫生清洁。

6）空气包充气泵运转正常，护罩齐全完好，各压力表、阀门、安全阀齐全可靠。

2.2.17　值班房

1）参加班前会，协助值班干部下达生产任务，安排设备修换、保养内容。

2）参加班后会，对所安排的设备修换、保养工作完成情况进行讲评。

3　司钻巡回检查路线及内容

3.1　检查路线

值班房→电磁刹车→大绳→滚筒高、低速离合器→刹车系统→防碰天车→司钻井控操作台→死绳固定器→立压表→参数仪→司钻操作箱→刹把→值班房

3.2　检查了解内容

3.2.1　值班房

1）工程地质设计（了解地层岩性、确定措施）。

2）工程、钻井液班报表、交接班记录、井控记录、坐岗记录、钻具记录、设备运转、保养记录等资料齐全，填写准确、清洁、及时，无漏填内容。

3.2.2　电磁刹车

1）各固定螺栓固定牢靠，转子轴与滚筒轴同心。

2）运转正常，滑键摘挂灵活。

3）冷却、润滑良好。

3.2.3　大绳

1）活绳头防滑短节紧固牢靠，余量长度不小于 20cm 。

2）钢丝绳一扭断丝不超过 3 丝。

3）大绳排列整齐、不打扭。

3.2.4　滚筒高、低速离合器

1）各固定螺栓齐全、紧固。

2）导气或双导龙头及管线不漏气（水）。

3）气囊、钢毂完好无油污。

4）摩擦片无偏磨及损坏、缺失。

3.2.5　刹车系统

1）刹带调节螺栓好用、不滑扣，背帽及刹带调节扳手齐全。

2）刹车曲轴套无松动，润滑良好、灵活，曲轴下无杂物和油污。

3）刹带片使用铜螺栓固定，磨损均匀，剩余厚度不小于15mm，刹带吊钩、托轮调节符合规定要求。

4）刹车气缸螺栓、销子齐全紧固，进气放气良好，不漏气，刹车可靠。

5）滚筒冷却供水畅通，水质清洁，管线不漏水（注意防止高温激化）。

3.2.6 防碰天车

1）过卷阀重锤式：

（1）过卷阀、重锤灵活好用、气路畅通。

（2）开口销符合使用要求，保险可靠。

（3）防碰天车绳松紧合适、无打扭及缠挂井架现象。

2）电子数码式：

（1）电子数码防碰装置及传感器、电磁阀完好、正常。

（2）报警提示及刹车设定正确。

3.2.7 司钻井控操作台

1）仪表齐全、完好。

2）气源压力符合要求（0.65～0.8MPa）。

3）气控阀手柄齐全、复位良好。

4）无障碍物，操作方便。

3.2.8 死绳固定器

1）各固定螺栓齐全、紧固、无余扣，背帽齐全。

2）钢丝绳排列整齐，按固定围槽排满，挡绳杆齐全。

3）压力传感器、传压管线连接牢固、无渗漏。

4）止回阀、手压泵灵活、好用。

3.2.9 立压表

1）防震压力表量程符合要求，表盘清洁，指示灵敏、准确。

2）冬季采取防冻措施。

3.2.10 参数仪

1）参数仪表齐全完好、灵敏、准确、清洁。

2）传压器及信号线连接牢固、绝缘、无渗漏。

3）指重表、灵敏表与记录仪读数一致。

4）参数仪安装可靠，防水、防震。

3.2.11 司钻操作箱

1）气开关灵活好用、固定牢靠，仪表齐全、灵敏、准确、清洁。

2）气管线连接牢固不漏气。

3）总气压力符合使用要求（一般为0.8～1.0MPa）。

3.2.12 刹把

1）刹把活动自如，刹把与钻台面夹角合适（45°左右）。

2）刹把连杆连接可靠。

3.2.13 值班房

1）主持召开班前会，接受生产任务书，填写接班记录。

2）汇总各岗检查中发现的未整改问题或隐患并及时反映给值班干部协调解决。

3）安排本班生产内容、操作细节，提出安全要求等。

4）下班后主持召开班后会，对班组生产情况进行总结。

4 副司钻巡回检查路线及内容

4.1 检查路线

值班房→循环罐→储备罐→钻井泵→工具箱→高压管汇→节流管汇→液气分离器→防喷器→压井管汇→远程控制台→单点测斜房→值班房

4.2 检查了解内容

4.2.1 值班房

1）查看工程班报表，了解施工情况。

2）查看井控记录、钻井泵运转、保养记录的填写是否准确、及时。

3）了解井深、地层状况及其对钻井液性能的要求。

4.2.2　循环罐

1）钻井液液面高度正常。

2）闸门开关情况。

4.2.3　储备罐

钻井液（或清水）储备符合施工设计要求。

4.2.4　钻井泵

1）润滑良好，油量、油质符合要求（按标准用油）。

2）各连接螺栓齐全、紧固、不松、不刺、不漏。

3）缸套、活塞润滑及冷却良好，拉杆箱内清洁无杂物。

4）运转无杂音。

5）上水管线用卡箍紧固，封闭良好，不漏气。

6）缸套—活塞总成、阀体总成工作正常，不刺漏。

7）安全销定位符合规定。

8）泵压表清洁、灵敏、读数准确，方向正确。

9）空气包充气（氮气或空气）压力为施工泵压的30％。

10）喷淋泵运转正常，皮带齐全、松紧合适、护罩齐全牢固，不漏水，冷却水箱水质清洁，满足润滑冷却要求。

11）泄压管固定牢靠，直径不小于73mm，不变径，用直径12.7mm钢丝绳作为保险绳。

12）泵底座与基础之间无悬空，基础水平，场地平整、无积水。

13）皮带轮固定牢靠，传动皮带齐全、松紧合适，护罩固定牢靠。

4.2.5　工具箱

1）阀座取出器、管钳、撬杠、榔头、拉缸器等工具齐全、完好、清洁。

2）备有适量的易损件。

4.2.6 高压管汇

1）闸门开关位置正确，防止憋泵。

2）法兰、活接头连接紧密、无刺漏、固定牢靠，高压软管缠绕直径12.7mm钢丝保险绳，两头拴系牢固。

4.2.7 节流管汇

1）闸门齐全、完好，开关灵活，管汇固定牢靠。

2）套压表灵敏、清洁、方向正确。

4.2.8 液气分离器

1）管线连接固定牢靠。

2）工作时罐中压力保持在0.7MPa，压力表灵敏、准确。

3）闸门转动灵活。

4.2.9 防喷器

1）螺栓齐全、紧固、清洁、无刺漏。

2）防喷器四通两翼闸门齐全、完好、灵活，开关状态、位置正确。

3）防喷器控制管线活接头连接紧密。

4.2.10 压井管汇

1）闸门齐全、完好，开关灵活，管汇安装符合要求。

2）压力表符合要求，单流阀完好。

4.2.11 远程控制台

1）液压管线连接完好，活接头连接紧密、无刺漏。

2）压力表显示符合要求（供油压力：储能器17.5～21MPa，管汇压力表10.5MPa，环型防喷器10.5MPa，闸板防喷器10.5MPa）。

3）打压后油量高于下部油标上限。

4）电源开关处于接通状态，电控箱旋钮在自动位。

5）电、气打压泵运转正常。

4.2.12 单点测斜房

1）钢丝绳排列整齐、无死折。

2）计数器准确。

3）控速器灵敏，刹车可靠，滚筒保养良好。

4）电动机运转正常，接地良好。

4.2.13　值班房

1）班前会：

（1）及时向司钻反映巡回检查中发现的未整改问题。

（2）协助司钻安排好本班生产任务分工。

（3）明确本班本岗位设备保养、修换内容。

2）班后会：认真总结本班本岗位工作情况。

5　井架工巡回检查路线及内容

5.1　检查路线

值班房→场地→井架及底座→节流阀控制箱→转盘→提升系统→值班房

5.2　检查了解内容

5.2.1　值班房

1）查阅工程班报表，了解井深及施工情况。

2）查看天车、游车、大钩、水龙头、转盘等设备运转、保养记录的填写是否及时、准确，有无错漏。

5.2.2　场地

1）取心工具的检查与维护。

2）大绳抽倒装置配置完整（电动式：电动机接地良好）、清洁卫生。

3）钻台下各种固定销、剪切销、别针齐全牢固、方向正确，封井器和井口、井架底座清洁卫生，拉筋或顶杠无变形。

5.2.3　井架及底座

1）井架主体、底座、井架梯子、操作台、套管扶正台、立管平台、二层台、天车台梯子栏杆连接销子、剪切销、别针齐全。

2）B型钳、液气大钳、气动绞车滑轮悬挂牢靠，钢丝绳无断丝、不打结。

3）稳绳器固定牢靠。

4）立管用卡箍、U型卡（或压板）与井架卡牢、紧固，U型卡数量足够。

5）保险带两副，且完好、绑牢。

6）操作台固定牢固，兜绳、工具齐全完好，二层台工具必须固定牢靠。

7）二层台立柱排放架、钻铤卡板不变形，固定牢靠。

8）二层台气动小绞车固定牢靠，护罩齐全完好，钢丝绳（直径7.5mm）不打结、无锈蚀、无断丝、保养润滑良好、刹车可靠。

9）天车固定牢靠、挡绳杆齐全、润滑良好。

10）二层台逃生装置安全可靠，逃生钢丝绳（直径12.7mm）两端拴挂牢固，中间无打结，下端有缓冲砂坑。

11）登梯助力器固定连接安全可靠。

12）天车台上起重架固定牢靠。

5.2.4 节流阀控制箱

1）仪表齐全、灵敏、准确、清洁（气泵压力表0.6～1.0MPa），油压表1.4～2.0MPa。

2）阀位开启为零位，立压表、套压表显示符合工况，换向阀手柄位置正确。

5.2.5 转盘

1）油品、油量、油质符合使用要求，润滑良好。

2）固定螺栓齐全牢靠。

3）运转正常。

5.2.6 提升系统

1）游车护罩固定牢固，滑轮润滑良好，黄油嘴齐全。

2）大钩钩口开关灵活，保险销可靠，润滑良好，黄油嘴（部位分布：安全销体、销轴、掣子销轴、顶杆、摩擦定位盘）齐全。

3）水龙头各个固定螺栓齐全、紧固，黄油嘴齐全（润滑部位：提环销轴、密封圈装置、弹簧密封圈），加油孔清洁，放气孔畅通，润滑油量、油质符合要求，润滑良好，不漏油、不漏钻井液。

4）水龙头与水龙带连接紧固，不刺漏钻井液。

5）水龙带用直径 12.7mm 钢丝绳，每 0.8～1m 绕一结作为保险绳，一端固定在鹅颈管上，一端固定在高压立管顶端。

6）气动马达气管线固定牢靠，保险绳用 9.5mm 钢丝绳拴牢，旋转短节防扭绳固定牢靠。

7）吊环完好，保险绳可靠。

5.2.7　值班房

1）班前会：

（1）及时向司钻反映巡回检查中发现的未整改问题。

（2）接受司钻的任务分工，明确本班本岗位操作的安全要求和设备保养内容。

（3）进行班前安全讲话。

2）班后会：

（1）参加班后会，总结本班本岗位工作任务执行及完成情况。

（2）进行班后安全讲评。

6　内钳工巡回检查路线及内容

6.1　检查路线

值班房→电磁刹车→绞车→排绳器→水柜和循环水泵→立管压力表、参数仪→内钳→液气大钳→值班房

6.2 检查了解内容

6.2.1 值班房

1）查阅工程班报表，了解施工进度。

2）查看电磁刹车、绞车等设备运转、保养记录的填写是否及时、准确，有无错漏。

6.2.2 电磁刹车

1）固定牢靠、转子轴与滚筒轴同心，控制柜固定牢靠，清洁。

2）鼓风机运转正常（水冷时供排水正常）。

3）滑键离合器灵活好用。

4）润滑状况符合要求。

6.2.3 绞车

1）绞车及其护罩固定牢靠，钢丝绳排列整齐，钢丝绳——扭断丝不超过3丝。

2）平衡梁调节平衡，左右间隙相等，刹带吊钩、托轮调节符合规定要求。

3）刹带调节螺丝灵活、好用，背帽齐全，刹带片与钢毂的磨损量不超过规定要求。

4）滚筒冷却水进出畅通、不漏水。

5）油池润滑油量符合使用要求，机油泵运转正常，油压符合要求，油管线畅通无泄漏，滤清器清洁。

6）链条连接销、剪切销完好。

7）各离合器固定牢靠，摩擦片完好，磨损量不超过规定值，钢毂表面无油污。

8）绞车及上、下角传动箱的所有轴承、链条、链轮、齿轮、换挡离合器、刹车机构、水气葫芦、快绳挡辊传动、万向轴润滑良好，黄油嘴齐全，各轴承无异常高温。

9）绞车、上下角传动箱运转正常，无异响、无振动。

10）各离合器继气器进、排气正常，冬季采取防冻措施。

11）绞车清洁卫生。

6.2.4 排绳器

1）钢丝绳绳卡固定符合要求。

2）滑轮固定连接牢靠，润滑良好。

3）排绳器滚子转动灵活，滚轮间距满足工作需要。

6.2.5 水柜和循环水泵

1）水柜内水质、水量符合使用要求。

2）循环冷却水泵固定牢靠，运转正常。

3）冬季采取防冻措施。

6.2.6 立管压力表、参数仪

1）压力表齐全完好，指示灵敏、准确，表盘清洁。

2）参数仪清洁卫生。

6.2.7 内钳

1）钳柄不允许有裂纹。

2）各部位配合要用专用销连接，绝不允许使用代用销。

3）连接部位机油润滑灵活，无阻卡现象。

4）钳牙要装整齐，无松动现象，挡销齐全，钳牙上无油泥，磨损量不影响使用要求。

5）钳体水平、上下移动灵活，与吊绳连接牢靠。

6）钳柄尾部固定牢靠，钳尾销的保险销使用磁性销子，下面装别针。

7）钳尾绳使用直径19mm或22mm钢丝绳，无断丝，两端各用三个绳卡卡紧，卡距符合要求。

6.2.8 液气大钳

1）吊绳及尾座固定牢靠（吊绳使用直径19mm钢丝绳，大钳高低位调节使用30kN的手拉葫芦，水平度满足井口作业要求）。

2）钳头颚板、堵头尺寸与钻具尺寸相符。

3）钳牙齐全完好、固定牢靠，钳头进退活动灵活、转动无阻卡，刹带调节合适。

4）移送气缸、夹紧气缸伸缩、活动自由，不漏气。

5）大钳安全门框齐全、可靠、灵活好用。

6）手动液压换向阀、溢流阀、管线连接处紧密、无渗漏。

7）气控元件固定完好，连接紧密、无漏气，快放阀灵活好用。

8）液压站油量、油温、油质、油压符合使用要求，表面清洁。

9）液压站电动机、柱塞泵运转正常、无杂音，电动机接地良好，油量充足，油质清洁不变质。

6.2.9 值班房

1）班前会：

（1）及时向司钻反映巡回检查中发现的未整改问题。

（2）接受司钻的任务分工，明确本班本岗位操作的安全要求和设备保养内容。

2）班后会：总结本班本岗位工作任务执行及完成情况。

7 外钳工巡回检查路线及内容

7.1 检查路线

值班房→大门坡道与钻台梯子→猫头绞车→转盘传动装置→井口工具→气动绞车→外钳→钻台偏房→油料→值班房

7.2 检查了解内容

7.2.1 值班房

1）查阅工程班报表，了解施工进度。

2）查看猫头绞车、转盘传动装置等设备运转、保养记录的填写是否及时、准确、无错漏。

7.2.2 大门坡道与钻台梯子

1）钻台栏杆、踢脚板齐全完好。

2）钻台梯子、安全滑梯固定牢靠，并用直径 12.7mm 钢丝绳拴牢，踏板不开焊变形，扶手齐全。

3）钻台大门坡道固定牢靠，并用直径 12.7mm 钢丝绳拴牢。

7.2.3　猫头绞车

1）固定牢靠、清洁、护罩齐全。

2）黄油嘴齐全、润滑良好，油量充足、不变质。

3）链条齐全，万向轴连接固定牢靠。

4）猫头平滑无槽，滚杠固定牢靠、转动灵活，挡板齐全、牢固。

7.2.4　转盘传动装置

1）固定牢靠、清洁。

2）链条松紧合适，剪切销齐全，运转无杂音。

3）传动装置油池油量、油质符合使用要求，万向轴黄油嘴齐全，润滑良好。

7.2.5　井口工具

1）卡瓦整体完好，灵活好用，不打滑、不松动。

2）安全卡瓦牙弹簧固定牢固并灵活好用，各轴节灵活，并加黄油或机油润滑；卡瓦的节数与被卡钻具的直径相符；螺丝杆和螺母符合使用标准；销子与本体用保险链连接牢靠。

3）吊卡舌头、活门、保险销灵活可靠，润滑良好（平台阶吊卡，台阶磨损大于 3mm 必须更换），保险销必须使用磁性销子。

4）钻头盒把手、盖板结实、无裂缝，防喷盒把手、盒体完好，开关灵活。

5）提升短节、配合接头摆放整齐，维护良好。

6）上下旋塞、回压阀灵活好用，保养良好。

7.2.6　气动绞车

1）固定牢靠、平稳，护罩齐全、清洁。

2）起重用直径 15.9mm 钢丝绳，不打结、无锈蚀、无断丝、长度合适。

3）刹车装置可靠。

4）润滑良好，油杯油量充足，油质合格，黄油嘴齐全。

5）吊钩与钢丝绳连接可靠，钩口安全装置齐全好用。

7.2.7 外钳

1）钳柄不允许有裂纹。

2）各部位配合要用专用销连接，绝不允许使用代用销。

3）连接部位机油润滑灵活，无阻卡现象。

4）钳牙要装整齐，钳牙上无油泥，无松动现象，挡销齐全，磨损量不影响使用要求。

5）钳体水平、上下移动灵活，与吊绳连接紧固、牢靠。

6）钳柄尾部固定牢靠，钳尾销的保险销使用磁性销子，下面装别针。

7）钳尾绳使用直径 19mm 或 22mm 钢丝绳，无断丝，两端各用三个绳卡卡紧，卡距符合要求。

7.2.8 钻台偏房

1）钻杆钩子、刮泥器清洁完好。

2）手工具清洁、摆放整齐、齐全无损坏。

3）黄油枪完好、使用灵活。

4）管钳及链钳完好。

5）钻台、钻台偏房清洁卫生。

7.2.9 油料

1）螺纹脂数量、质量满足要求，无泥砂、硬块。

2）黄油、机油数量充足，质量合格。

7.2.10 值班房

1）班前会：

（1）及时向司钻反映巡回检查中发现的未整改问题。

（2）接受司钻的任务分工，明确本班本岗位操作的安全要求和设备保养内容。

2）班后会：总结本班本岗位工作任务执行及完成情况。

8　场地工巡回检查路线及内容

8.1　检查路线

值班→钻具→井场→消防房→工具→振动筛→高架槽→爬犁→值班房

8.2　检查了解内容

8.2.1　值班房

1）查阅工程班报表、钻具记录，了解施工进度。

2）查看振动筛等设备运转、保养记录的填写是否及时、准确，有无错漏。

3）值班房清洁、卫生。

8.2.2　钻具

1）钻具以内螺纹一端为基准按入井顺序排列编号，摆放整齐、数量准确。

2）螺纹脂清洗干净，涂好螺纹脂，水眼畅通，无杂物。

3）检查钻具有无损坏，好坏钻具标识明显，并分开摆放。

4）钻具上、下钻台带好护丝。

8.2.3　井场

井场平整、卫生、无杂物。

8.2.4　消防房

1）消防器材种类、数量齐全，做到“三定一挂”管理。

2）灭火器、消防钩、消防锹、消防斧、消防筒、消防水龙带齐全，工况良好，消防砂按规定配备。

8.2.5　工具

工具数量充足、整齐、完好、清洁（钻杆护丝、提丝、锹、镐、扫把、绳套、撬杠等)。

8.2.6 振动筛

1) 各部螺栓紧固、齐全，黄油嘴齐全，润滑良好。

2) 筛布完整，固定牢靠，筛布上及振动筛附近无积砂。

3) 检查返砂及钻井液返出情况。

4) 电动机接线防爆，运转正常，护罩齐全，固定牢靠，接地线接地良好。

5) 停用时，筛布用水清洗干净。

8.2.7 高架槽

高架槽固定牢靠，不漏钻井液，槽内无积砂。

8.2.8 爬犁

物品摆放整齐。

8.2.9 值班房

1) 班前会：及时向司钻反映巡回检查中发现的未整改问题，接受司钻的任务分工，明确本班本岗位操作的安全要求和设备保养内容。

2) 班后会：总结本班本岗位工作任务执行及完成情况。

9 钻井液技术员（大班）巡回检查路线及内容

9.1 检查路线

值班房→钻井液化验室→搅拌机和剪切泵→钻井液净化设备→循环罐→清水罐→液面报警器→加重设备→钻井液材料→值班房

9.2 检查了解内容

9.2.1 值班房

查阅工程班报表等资料，了解井深、地层和工程技术措施。

9.2.2 钻井液化验室

1) 检查、校准各测量仪器，测量钻井液性能。

2) 审查钻井液班报表和净化设备运转、保养记录的填写是否符合要求并做签认。

3）明确钻井液性能要求，制定处理措施。

9.2.3　搅拌机和剪切泵

搅拌机和剪切泵运转正常，润滑保养良好；剪切泵管线无刺漏、堵塞。

9.2.4　钻井液净化设备

1）振动筛运转正常、筛布完整、固定牢固。

2）除砂清洁器、除泥清洁器运转正常、完好。

3）离心机：

（1）防爆电动机与供液泵运转正常，各管线、闸门、出液口不跑漏钻井液或清水。

（2）启用离心机前要盘转滚筒是否转动灵活。

（3）运转平稳正常，各支承轴承温度适宜、润滑良好，黄油嘴齐全。

（3）停用离心机后要彻底清洗滚筒。

（4）检查出砂口砂子状态，及时调整负荷。

9.2.5　循环罐

1）各循环罐搅拌器运转、润滑良好。

2）各循环罐间连接管线连接紧密无刺漏。

3）各罐体不倾斜，栏杆、上罐梯子固定牢固，不变形。

4）储备罐钻井液储备量及性能符合设计施工要求。

9.2.6　清水罐

清水罐（高架水罐）、固井水罐清水储量及水质符合设计施工要求。

9.2.7　液面报警器

1）固定牢靠，定位正确，灵活好用。

2）气路（电路）畅通，上、下气开关（液面感应器），喇叭（蜂鸣器）灵活好用。

9.2.8 加重设备

电动机、加重漏斗完好，灵活好用，无跑冒钻井液。

9.2.9 钻井液材料

1）钻井液材料的质量、性能和数量满足设计施工要求。

2）钻井液材料摆放整齐，库外存放应下垫上盖。

3）储备油气层保护材料，钻开油气层，按设计及甲方要求实施油气层保护措施。

9.2.10 值班房

1）班前会：反映巡回检查中发现的未整改问题，交待本班钻井液处理的技术措施，安排本班净化设备的维护、保养内容。

2）班后会：对钻井液处理及净化设备的维护、保养情况进行总结。

10 钻井液工巡回检查路线及内容

10.1 检查路线

值班房→钻井液化验室→钻井液净化设备→循环罐、药品罐、储备罐→搅拌机和剪切泵→液面报警器→加重设备→钻井液材料→值班房

10.2 检查了解内容

10.2.1 值班房

1）查阅工程班报表等资料，了解施工进度。

2）查看坐岗记录，净化设备运转、保养记录的填写是否符合要求。

10.2.2 钻井液化验室

1）查看钻井液班报表，了解钻井液性能。

2）各种测量仪器完好、齐全、准确、清洁，工具齐全、清洁。

3）化验室内清洁。

10.2.3 钻井液净化设备（除气器、除砂清洁器、除泥清洁器、

离心机）

1）除气器：

（1）固定可靠，护罩齐全完好。

（2）润滑、保养良好，运转正常。

（3）进、排液管线畅通、防堵。

（4）旋转方向正确，严禁逆转。

（5）使用完毕，用清水冲洗。

2）除砂清洁器：

（1）固定牢固、管线连接与密封良好。

（2）压力表量程符合要求。

（3）砂泵固定，油量、密封圈、传动部分符合要求，接地良好。

（4）靠背轮护罩齐全紧固。

（5）小振动筛运转正常，筛布完整、固定牢固，停用后清洗干净，护罩齐全，皮带松紧合适。

（6）使用时根据钻井液含砂量调节出砂口的大小。

（7）卫生清洁，标识清晰。

3）除泥清洁器：

（1）固定牢固，管线连接与密封良好。

（2）压力表量程符合要求。

（3）除泥泵固定牢固，油量、密封圈、传动部分符合使用要求。

（4）靠背轮护罩齐全、紧固。

（5）小振动筛运转正常，筛布完整，固定牢固，停用后清洗干净。

（6）使用时根据钻井液的性能调节出泥口大小。

（7）卫生清洁，标识清晰。

4）离心机：

（1）固定牢靠。

（2）护罩齐全，皮带松紧合适。

（3）接地良好，电源线不裸露。

（4）HSE 标识清晰（防机械伤手、防触电等）。

（5）供液泵及电动机运转正常，管线、闸门及出液口完好，不跑钻井液或清水。

（6）启用离心机前要盘转滚筒，检查是否转动良好，按要求启动，运转时检查各支承轴承温度，根据出砂状况及时调整进液量。

（7）停用离心机后要彻底清洗滚筒。

5）冬季施工时，净化设备必须采取防冻措施。

10.2.4 循环罐、药品罐、储备罐

1）循环罐：

（1）罐面清洁、无杂物。

（2）走道、梯子、栏杆齐全、完好，固定可靠，走道、梯子系保险绳。

（3）钻井液搅拌器运转正常，接地良好，HSE 标识清晰。

（4）罐间连接不滴、漏钻井液。

2）药品罐：

（1）罐体清洁，摆放位置合适。

（2）罐体及管线连接处无滴漏。

3）储备罐：

（1）罐体不倾斜。

（2）上罐梯子及扶手栏杆固定牢固、不变形，系保险绳。

（3）钻井液储备量及性能符合设计、施工需要。

（4）清水罐（高架水罐）、固井水罐清水储量及水质符合设计施工要求。

10.2.5 搅拌机和剪切泵

1）搅拌机护罩皮带齐全，接地良好，卫生清洁。

2）润滑点润滑良好，油量充足，油质合格。

3）电动机运转正常。

10.2.6 液面报警器

1）自浮式液面报警器固定牢靠，标尺清晰，定位正确，气路畅通，气开关和喇叭正常。

2）感应式液面报警器固定牢靠，定位正确，反应灵敏，电路供电可靠，蜂鸣器灵活好用。

10.2.7 加重设备

1）电动机固定牢靠，运转正常，靠背轮护罩完好，固定牢靠，接地良好。

2）加重泵运转正常，密封圈密封、无刺漏。

3）加重漏斗维护良好。

10.2.8 钻井液材料

1）分类摆放整齐。

2）库外材料应下垫上盖。

3）品种、数量、性能符合设计。

10.2.9 值班房

1）班前会：及时向司钻反映巡回检查中发现的未整改问题，接受司钻的任务分工和钻井液技术员或大班的技术措施安排，明确本岗位设备保养内容和操作安全要求。

2）班后会：认真做工作总结。

11 机电大班巡回检查路线及内容

11.1 检查路线

值班房→机房底座→机房偏房→柴油机及液力变矩器→并车传动装置→压风机→发电房→配电房→油罐区→循环罐电器线路→钻台、井架电器线路→井场照明→井控房电器线路→生活区电器线路→打水泵→机房、修理房及机房库房→值班房

11.2　检查了解内容

11.2.1　值班房

查阅工程班报表等资料，了解施工工况。

11.2.2　机房底座

1）底座安装符合要求、无悬空，搭扣或固定螺栓或压板无松动。

2）底座软化水罐水质清洁合格，水泵运转正常，接地良好。

11.2.3　机房偏房

1）检查当班机房、发电房设备运转、保养记录的填写是否认真准确、及时、全面、整洁，并做签认或整改。

2）认真做好机油斑点化验和记录填写。

3）机房室内外照明设施齐全完好。

4）工具齐全、完好、清洁、摆放整齐。

5）灭火器整洁，做到“三定一挂”管理。

6）储气瓶固定牢靠，压力表、安全阀灵敏、准确。

7）储气瓶连接管线、阀门紧密不漏气，排污阀及时排污。

9）偏房内配电盘布线合理、有绝缘保护。

10）清洁卫生。

11.2.4　柴油机及液力变矩器

1）柴油机：

（1）运转正常，仪表齐全，灵敏准确。

（2）各管线不渗不漏，油水符合要求，清洁卫生。

（3）固定牢靠。

（4）风扇头及风扇传动固定、润滑好，皮带松紧合适。

（5）飞轮齿圈、减振胶皮无松动。

（6）万向轴十字头润滑好，各部分螺丝齐全紧固。

（7）增压器运转正常。

（8）高、低温水箱返水正常。

（9）声音、排温、排烟正常。

2）液力变矩器：

（1）固定牢靠，安装符合要求 。

（2）油量、油质合适，不漏油。

（3）压力表、温度表齐全完好，指示灵敏正常。

（4）散热器散热良好，皮带松紧合适。

（5）背压调节装置灵活，气管线不漏气，背压调节合适，变矩器工作在高效区内。

11.2.5　并车传动装置

1）固定牢固，无振动。

2）油量、油质符合要求，润滑良好，不漏油。

3）链条完好，松紧合适。

4）机油泵、机油滤清器工作正常，连接管线紧密不泄漏。

5）各离合器离、合正常，不漏气，固定牢固，摩擦片齐全完好，钢毂磨损在规定范围内，本体不开裂。

6）各气控元件（开关、继气器、水气龙头、快放阀等）工作正常，固定牢靠。

11.2.6　压风机

1）各处螺丝紧固，打气正常，电路完好（电动压风机）。

2）仪表灵活好用，压力指示正常。

3）各润滑点及油底壳油量、油质符合要求。

4）管线不漏油、不漏气。

5）油、气滤清器及时清洁或更换。

6）常开继气器、调压阀灵活好用。

7）传动轴润滑、固定良好。

8）皮带松紧合适，护罩牢靠。

9）止回阀、安全阀灵活好用，用排污阀及时排污。

10）离合器进排气正常。

11）照明线路布线合理，照明满足需要。

12）灭火器做到“三定一挂”管理。

13）螺杆压风机排温正常，室内温度不超过40℃。

14）压风机房卫生清洁，接地装置接地良好。

11.2.7 发电房

1）发电机组各接线柱牢固，发电正常，接地良好。

2）引擎运转无杂音，油压、油温、水温符合要求。

3）仪表盘各种仪表（油压、油温、水温、电流、电压、频率）灵敏准确，各种开关防爆性能好，使用方便。

4）消防器材做到“三定一挂”管理。

5）发电房接地装置接地良好。

11.2.8 配电房

1）保持房内温度适宜，通风良好，地板绝缘符合要求，卫生清洁。

2）配电柜固定牢靠。

3）电流、电压、功率表齐全、完好、灵活、灵敏、准确。

4）各接线柱接线牢靠，电气开关灵活好用，用途标识明确。

5）防触电等HSE标识清晰。

6）灭火器做到“三定一挂”管理。

7）接地良好。

11.2.9 油罐区

1）柴油、机油油质合格，储量满足施工需要。

2）管线、阀门不渗不漏。

3）“三五过滤”齐全有效，滤清器清洁。

4）柴油、机油罐密封良好，强制过滤器齐全完好。

5）各打油泵运转正常，其控制开关防爆，接地良好。

6）冬季用油应符合防冻要求。

7）灭火器做到“三定一挂”管理。

11.2.10　循环罐电器线路

1）各防爆电动机运转正常，润滑良好。

2）线路布置标准，无老化、漏电现象。

3）各配电箱（启动按钮）接线良好，固定牢靠，防火、绝缘。

4）泵房照明设施齐全、完好。

5）循环罐电动机接地良好（防爆电路按保护接零线路接线）。

11.2.11　钻台、井架电器线路

1）井架、钻台上、下照明设施齐全完好，满足夜间施工需要。

2）线路走向正规，不漏电，使用防爆灯具。

3）电磁刹车、液气大钳电动机运转正常，接线防爆，线路无破损漏电。

11.2.12　井场照明

探照灯齐全完好，并用专线控制（禁止使用拉线开关），线路符合有关规定要求。

11.2.13　井控房电器线路

1）专线控制，进井控房处的线路加绝缘管，电控箱固定牢固，灵活好用，室内照明设施完好，灯具防爆。

2）柱塞泵电动机运转正常，接线正确，接地良好。

11.2.14　生活区电器线路

1）线路布局合理，三相均衡不超载，连接牢固，绝缘良好。

2）生活区总闸固定牢靠，防雨，进出线接线符合规定要求。

3）房屋接地与照明符合规定要求。

4）室内接线符合规定要求，漏电保护开关齐全完好，动作灵敏、安全有效。

5）电暖器接线符合规定要求，固定牢靠，前方、上方敞开，

无易燃物。

6）食堂操作间及库房电器设备护罩齐全，接线符合规定要求，漏电保护开关齐全完好，动作灵敏。

11.2.15 打水泵

电动机工作正常，接线符合规定要求，开关固定牢固，防火、防漏电。

11.2.16 机房、修理房及机房库房

1）各种工具、备件摆放整齐、有序、清洁。

2）备件准备充足，挂牌存放，用料有记录。

11.2.17 值班房

1）班前会：反映巡回检查中发现的未整改问题，协助值班干部下达机房修换、保养、维护内容。

2）班后会：对机房工作情况进行评价、总结。

12 机电工巡回检查路线及内容

12.1 检查路线

值班房→发电房→油罐区→压风机（房）→机房底座→机房偏房（干燥房）→柴油机及液力变矩器→并车传动箱→其他→值班房

12.2 检查了解内容

12.2.1 值班房

查阅工程班报表等资料，了解施工状况。

12.2.2 发电房

1）柴油机、发电机运转、供电正常，保养维护良好。

2）冷却液、燃油、机油品质、数量符合要求，各管线及密封处无跑、冒、漏现象。

3）各参数仪表指示正常、灵敏、准确。

4）控制系统、蓄电池、充电器正常，维护良好。

12.2.3 油罐区

1）柴油、机油油质合格，储量满足施工要求。

2）柴油、机油罐密封良好，强制过滤器齐全完好，定期保养及更换。

3）油品消耗有定额、有计量，流量计完好，交班记录清楚。

4）各打油泵运转正常，其控制开关防爆，接地良好。

5）罐区无泄漏，废油废水及时回收处理。

12.2.4 压风机（房）

1）电动压风机接地良好，靠背轮护罩齐全。

2）运转正常，不漏油、漏气，温度、油量、油质、滤清器符合使用要求。

3）配电柜接地良好。

4）HSE 标识清晰齐全。

12.2.5 机房底座

1）底座安装符合要求，无悬空，搭扣或固定螺栓或压板无松动。

2）底座软化水罐水质合格，储量满足施工要求，水泵运转正常，接地良好。

12.2.6 机房偏房（干燥房）

1）气液分离器（或干燥机）运转正常，按设备使用要求定时排污、清洁。

2）储气瓶规格符合配套要求，压力表、安全阀、排污阀齐全、灵敏可靠。

3）配电箱接线符合规定要求、各开关有防爆及漏电保护。

4）机房工具齐全、摆放整齐、清洁。

5）机房设备运转、保养记录：

（1）设备运转记录填写清晰、全面，真实反映设备运行状况。

（2）记录本整洁，填写规范。

（3）原始数据累计准确无误。

12.2.7 柴油机及液力变矩器

1）油、水、气无跑、冒、漏现象，柴油机表面清洁。

2）燃油箱油位、油质符合要求。

3）油底壳内机油油位、油质符合要求，按质换油。

4）散热器水箱水位、水质及运转时返水情况符合使用要求。

5）喷油泵及调速器内润滑油油量、油质符合用油要求。

6）所有管线的密封和附件紧固。

7）机油压力、排烟正常，无不正常响声。

8）在正常运转情况下，油、水温度和油压符合要求。

9）飞轮不摆动，轴向窜动不超过标准，各部分连接螺栓紧固。

10）三滤（空气滤清器、机油滤清器、柴油滤清器）完好、无损坏，空气不短路，机油、柴油不渗漏，按要求保养、更换。

11）机座固定螺栓及压板齐全紧固。

12）风扇传动轴固定可靠，轴承润滑良好，皮带松紧合适。

13）液力变矩器温度、压力正常，工作在高效区内，油量、油质符合要求，仪表齐全完好。

12.2.8 并车传动箱

1）固定牢固、无振动，链条完好，松紧合适，剪切销无缺损。

2）运转时检查各轴承内温度变化情况。

3）运转时需检查并车链条箱机油油量、压力，发现异常应立即检查机油泵润滑系统工作情况，滤清器按要求保养，整体清洁。

4）各离合器不偏磨、不漏气，黄油嘴及时注脂，刹车片固定牢靠。

5）各万向轴安装符合要求，按要求及时保养。

12.2.9 其他

1）在沙漠、高原地区作业应加强油、水管理，防沙尘污染。

2）发电机、压风机等必须防沙尘，空气滤清器、机油滤清器及时保养。

12.2.10 值班房

1）班前会：及时向司钻反映巡回检查中发现的未整改问题，根据任务安排，明确本班机房设备修换、保养、维护内容。

2）班后会：及时进行本班工作总结。

13 机电工助手巡回检查路线及内容

13.1 检查路线

值班房→发电房→配电房→线路及照明设施→油罐区→值班房

13.2 检查了解内容

13.2.1 值班房

查阅工程班报表等资料，了解施工进度。

13.2.2 发电房

1）HSE标识（防触电）齐全、清晰，接地线良好。

2）发电机组：

（1）安装符合要求，运转平稳正常，无异常现象及响声。

（2）冷却液、燃油、机油品质、数量符合要求，无跑、冒、漏、堵现象。

（3）温度、油压、转速、电压、频率、电流（三相平衡）、功率符合要求。

（4）柴油滤清器、机油滤清器、空气滤清器保养或更换符合要求。

（5）控制系统灵敏、可靠，线头无松动，防尘、防潮、防震。

（6）蓄电池电压、电解液符合要求，接线柱紧固，充电器（机）正常。

(7) 机组清洁，防潮。

3) 手工具齐全，清洁，摆放整齐，消防器材完备、使用方便。

4) 运转保养记录填写真实、准确、字迹整洁、保存良好。

13.2.3 配电房

1) 各仪表完好，指示正确灵敏。

2) 各开关完好，有防爆及漏电保护。

3) 各接线柱紧固。

4) HSE 标识清晰。

5) 室内温度合适，卫生清洁，绝缘良好，防潮防震。

13.2.4 线路及照明设施

1) 机房、钻台及井架、井场、循环罐区、泵房、生活区线路布局合理，接线规范。

2) 电缆线无断线及裸露，电缆槽摆放平齐，槽内电缆排放整齐，电缆槽无破损，外观清洁，连接紧密。

3) 各照明灯具符合防爆要求。

13.2.5 油罐区

1) 油品、油质、油量符合要求。

2) 各罐口密封严紧，滤清器完好并及时清洗或更换。

3) 排污阀完好，定期排污。

4) 打油泵组运转正常，电动机及其接线、启动开关符合防爆要求。

5) 流量计完好、灵敏准确，管汇、阀门无跑、冒、滴、漏现象，管线连接用卡箍卡紧。

6) 罐区清洁，废油、废水及时回收、处理，防止污染环境。

7) 消防器材齐全完好，做到“三定一挂”管理。

13.2.6 值班房

1) 班前会：及时向司钻反映巡回检查中发现的未整改问题，

明确本岗位设备修换、保养、维护内容。

2）班后会：总结工作完成情况。

ZJ20K 撬装钻机

1　值班干部巡回检查路线及内容

1.1　检查路线

值班房→钻井液化验室→地质房→井控主要设备→钻台→井架及底座→绞车及盘式辅助刹车→机房→循环罐区→钻井泵→井场→材料房→值班房

1.2　检查了解内容

1.2.1　值班房

1）检查工程班报表、交接班记录、井控记录、坐岗记录、钻具记录、机械设备运转、保养记录的填写是否及时、准确、规范，字迹是否整洁，填写有无错漏。

2）查看值班房是否卫生清洁。

1.2.2　钻井液化验室

1）检查钻井液班报表填写情况，查看钻井液性能参数是否符合设计要求及满足施工要求。

2）化验仪器、药品储藏瓶摆放整齐、完好清洁。

3）化验室清洁卫生。

1.2.3　地质房

了解井深、钻时、地层岩性以及录井情况，关注有关地层变化、异常高低压、油气显示、防硫化氢提示等。

1.2.4　井控主要设备

1）防喷器安装牢固，固定螺栓无松动。

2）防喷器扶正固定正反扣螺栓调节合适，无松动。

3）防喷器连接法兰紧密无渗漏。

4）压井管汇和节流管汇各闸门灵活好用，连接法兰螺栓齐全、紧固无松动。

5）放喷管线固定牢固，井场允许时长度不小于 75m。

6）远程控制台设备维护良好，电源线及控制开关、液控管线均符合井控要求。

1.2.5 钻台

1）防碰天车绳松紧合适、无打扭及缠挂井架现象，防碰装置工作正常，刹车可靠。

2）井口工具齐全完好、摆放整齐，保养维护良好，灵活好用无卡滞，安全销或固定螺栓齐全等。

3）猫头绳、吊绳、钳尾绳固定牢靠，无断丝。

4）液压猫头液压缸完好，拉力符合上、卸扣要求，液压管线及液压缸不漏油。

5）司钻操作箱各仪表、气控阀完好，气路正常，刹把高低合适。

6）参数仪表、立管压力表灵敏、准确、卫生清洁。

7）转盘及转盘传动装置固定牢固，润滑油油量、油质符合用油要求，传动链条及万向轴完好，各支承轴承运转时温度正常，滚子方补心螺栓紧固。

8）提升系统（天车、游车大钩、水龙头、大绳等）：

（1）天车、游车大钩保养良好，运转正常无卡滞。

（2）水龙头运转正常无卡滞，润滑油油量、油质符合用油要求，水龙头提环、自动旋扣器、冲管密封圈保养良好，水龙带、吊环、气动马达保险绳齐全、有效。

（3）大绳断丝一扭不超过 3 丝，死绳固定器各固定螺栓无松动，挡绳杆齐全。

9）液气大钳、液压站运转正常，维护完好。

10）钻台偏房清洁卫生，工具排放整齐、清洁。

11）液压绞车保养良好，钢丝绳无断丝并排列整齐。

12）上钻台梯子、坡道、安全滑梯固定牢靠，卫生清洁，系好保险绳，防护链齐全并挂牢，安全滑梯固定牢靠，缓冲砂数量足够。

13）钻台栏杆及各梯子扶手固定牢靠，卫生清洁。

14）钻台上润滑油、润滑脂、螺纹脂按要求保管、使用。

1.2.6　井架及底座

1）井架、底座及钻台偏房支撑架各杆件无变形。

2）各连接销及其剪切销、别针齐全。

3）底座与基础接触良好，无悬空。

1.2.7　绞车及盘式辅助刹车

1）绞车固定螺栓无松动，润滑保养良好，运转正常。

2）活绳端固定符合安装要求。

3）刹带、刹车毂完好，磨损量符合要求。

4）平衡梁调节符合要求，刹车曲轴轴套无松动。

5）防碰天车过卷阀安装符合要求，灵活可靠。

6）刹车气缸灵活，固定牢靠。

7）盘式辅助刹车固定螺栓无松动，运转正常。

8）循环冷却水水量、水质符合使用要求，水泵运转正常，双导龙头灵活好用，管线畅通，不漏水、气。

9）绞车及盘式辅助刹车清洁。

1.2.8　机房

1）各柴油机及阿里森变速箱、并车传动装置、发电机组、压风机固定螺栓无松动，运转正常，各仪表齐全，指示准确，所用油、水符合要求并密闭储藏及输送。

2）液压马达运转正常，液压中间站及液压管线无滴漏。

3）机房手工具齐全，摆放整齐、清洁。

4）机房各照明设施齐全、防爆。

5）油罐储油量满足施工要求，管线连接紧密无滴漏，打油泵运转正常，接地良好，防爆。

6）发电房干燥、清洁，发电机运转正常，各仪表齐全、灵敏、准确，接地良好。

7）配电房温度合适，通风良好，接地线符合要求，电压表、电流表等指示正常，各电器开关完好，用途标识明确。

8）压风机房清洁，温度合适，通风良好，压风机、干燥机运转正常。

9）独立机泵组传动装置运转、保养良好，护罩齐全完好，固定牢靠。

10）检查设备运转、保养记录的填写及时、准确、规范，字迹整洁。

11）消防器材做到"三定一挂"管理（定人、定岗、定期检查、挂牌管理）。

1.2.9　循环罐区

1）各罐钻井液量充足，连接管线紧密，阀门进出口畅通。

2）各罐搅拌器运转正常，卫生清洁。

3）液面报警器卡位正确，反应灵敏。

4）储备罐钻井液（清水）储量及性能符合设计要求，供水泵运转正常，水源充足。

5）循环罐梯子固定牢靠，并系好保险绳，走道、栏杆无变形，固定可靠。

6）各循环罐电器线路接线符合规定要求，循环罐卫生清洁。

7）净化设备固定牢靠，运转正常，接地良好、卫生清洁。

8）查看振动筛返砂及钻井液返出情况。

9）高架槽固定牢靠，槽内无沉砂，不漏钻井液，槽外卫生清洁。

10）药品罐固定牢靠，无跑冒现象，清洁卫生。

1.2.10　钻井泵

1）钻井泵润滑良好，油量、油质符合使用要求，排污阀完好，按规定要求及时排污。

2）拉杆卡箍螺栓齐全、紧固，缸套活塞不刺漏钻井液，冷却水清洁，拉杆箱内无杂物。

3）运转无异响。

4）上水部分密封好，不漏气，排水部分不刺、不漏。

5）安全阀可靠，保险销定位符合规定，泄压管线安装符合要求。

6）压力表齐全、准确、灵敏、清洁、方向正确。

7）喷淋泵运转正常，润滑良好，皮带松紧合适，护罩齐全可靠。

8）地面管汇闸门开关位置正确，管线不跳动。

9）法兰、活接头连接紧密，不刺、不漏。

10）钻井泵传动皮带松紧合适，护罩齐全牢靠。

11）泵底座与基础之间无悬空、倾斜，阀箱固定牢靠，无松动。

12）钻井泵卫生清洁，地面平整，排污及时。

1.2.11　井场

1）井场平整、无杂物。

2）钻具排列整齐，分类排放，并检查钻具使用情况。

3）消防工具齐全，摆放整齐，消防砂足量。

4）消防器材做到“三定一挂”管理。

1.2.12　材料房

1）材料房各种备用材料齐全，摆放整齐。

2）用料有记录，账、卡、物相符。

3）安全防盗，卫生清洁。

4）爬犁位置合理，物品摆放整齐并盖好。

1.2.13 值班房

1）召开班前会，下达生产任务，明确安全操作要求，安排辅助工作，在生产任务书或交接班记录上签字。

2）对交接班中因交接不清需协调的问题进行协调解决。

3）召开班后会，总结班组生产及 QHSE 执行情况。

2 司钻大班巡回检查路线及内容

2.1 检查路线

值班房→提升系统→转盘→转盘传动装置→液压猫头→液压绞车→液气大钳→司钻操作箱→气路→绞车→盘式辅助刹车→水柜→钻井泵→振动筛→材料房→机械修理房→值班房

2.2 检查了解内容

2.2.1 值班房

1）查看工程班报表，了解井深及施工工况。

2）审查机械运转、保养记录的填写是否及时、准确、规范、字迹整洁，有无漏填内容，并就当天的机械运转、保养记录填写质量做签认。

2.2.2 提升系统

1）天车、游车大钩按规定要求保养，运转正常无卡滞。

2）水龙头运转正常，润滑油油量、油质符合用油要求，水龙头提环、自动旋扣器、冲管密封圈等按规定要求保养，水龙带、吊环、气动马达保险绳齐全、有效。

3）大绳断丝一扭不超过 3 丝，死绳固定器各固定螺栓无松动，挡绳杆齐全。

2.2.3 转盘

1）用油量、油质符合要求，润滑良好。

2）各固定螺栓齐全牢靠，转盘运转无杂音。

3）转盘制动销灵活好用。

2.2.4 转盘传动装置

1）转盘传动箱、爬台链条箱油量、油质符合用油要求，润滑良好，密封性好，无漏油。

2）各部位固定螺栓齐全牢靠，护罩完好。

3）传动万向轴安装符合要求，法兰固定螺栓齐全紧固。

4）转盘正、倒挡摘挂灵活，挂挡手柄销销好。

5）反扭矩释放装置灵活好用，护罩齐全。

6）转盘离合器完好，推盘无损坏，磨损量符合要求。

2.2.5　液压猫头

1）液压猫头液压缸完好，拉力符合上、卸扣要求，液压管线及液压缸不漏油。

2）固定螺栓齐全牢靠，护罩完好，钢丝绳长度合适。

3）吊钩与钢丝绳连接固定符合要求，钩口保险装置齐全。

2.2.6　液压绞车

1）运转正常，固定牢靠，护罩齐全完好，液压管线及接头处无漏油。

2）钢丝绳排列整齐，无断丝，长度合适。

3）吊钩与钢丝绳连接符合要求，钩口保险装置齐全好用。

2.2.7　液气大钳

1）吊绳及尾座固定牢靠。

2）液、气控元件固定牢靠，管线连接紧密，快放阀灵活好用，离合器完好。

3）钳头、堵头尺寸与钻具对相符。

4）液压站油量、油温、油压、油质符合使用要求，表面清洁。

5）液压站电动机、柱塞泵运转正常，无杂音。

2.2.8　司钻操作箱

1）操作箱及气控元件固定牢靠，工作正常。

2）各压力表齐全、准确、完好，固定牢靠。

3）气管线连接紧密、不漏气。

4）刹把高低位置合适。

2.2.9 气路

1）各气控元件（气控阀、继气器、导气龙头、快放阀等）工作正常、固定牢靠。

2）气管线、接头连接正确，紧密不漏气。

3）防碰天车过卷阀、重锤阀灵活可靠，气路畅通。

4）刹车气缸固定可靠，不窜气，进排气正常。

5）各离合器完好，不漏气。

6）冬季施工时应检查防冻设施及防冻措施的落实情况。

2.2.10 绞车

1）刹车系统连接固定、可靠，润滑良好，灵活好用。

2）平衡梁装置调节平衡，左右间隙相等。

3）刹带调节螺丝灵活、好用，背帽齐全，顶丝、滚轮完好，调节合适。

4）刹带片与钢毂的磨损量不超过标准，中间无油污。

5）活绳头固定符合要求，钢丝绳排列整齐，断丝不超过规定标准。

6）滚筒冷却水进出畅通，不漏水。

7）支承轴承润滑良好，黄油嘴齐全。

8）各固定螺栓齐全牢靠，护罩齐全完好。

9）传动链条松紧合适、剪切销齐全完好。

10）绞车离合器完好，固定牢靠，摩擦盘无损坏，磨损量不超过规定值。

11）挡绳器完好，并及时检查、保养。

2.2.11 盘式辅助刹车

1）固定螺栓齐全牢固。

2）动、静摩擦片完好，磨损量不超过规定值。

3）气缸完好不漏气，推盘无损坏，气管线不漏气。

4）循环水路畅通，管线无漏水。

2.2.12　水柜

1）冷却水（软化淡水）水量充足，清洁无杂物。

2）水泵运转正常，润滑良好，密封圈密封良好，连接管线不漏水。

2.2.13　钻井泵

1）皮带轮固定牢靠，皮带齐全，不打扭，松紧合适，护罩固定牢靠。

2）运转无杂音，齿轮油量够，不变质。

3）十字头滑板上油好，十字头销子紧固。

4）各轴承润滑好，油道畅通。

5）各固定部分螺栓齐全牢靠，不漏油及钻井液，运转正常。

6）液力端上水、排水正常。

7）喷淋泵工作正常，不漏水，皮带齐全，护罩固定牢靠。

8）空气包工作压力正常，固定螺栓齐全牢靠。

9）安全阀销子定位正确，润滑良好，安全可靠，泄压管排出方向正确，固定可靠。

2.2.14　振动筛

1）电动机固定及运转正常，不发烧，电线不裸露、搭铁，接地良好。

2）筛架振动正常，螺栓紧固，筛布完整，不跑钻井液。

3）偏心轴固定及润滑良好，皮带松紧合适。

2.2.15　材料房

1）检查各种配件备用数量，及时提供用料计划。

2）氧气、乙炔库存量满足使用要求，隔离存放。

2.2.16　机械修理房

1）电焊机工作正常，护罩齐全，接地完好，不漏电，焊钳完好，搭铁与焊钳线长度相等、焊线不裸露。

2）气割用具完好，不漏气，安全可靠。

3）配件修理备用情况（随时做好更换易损件的准备）。

4）各种工具齐全完好，摆放整齐。

5）卫生清洁，房内摆放合理整齐。

6）空气包充气泵运转正常，护罩齐全完好，各压力表、阀门、安全阀齐全可靠。

2.2.17 值班房

1）班前会：协助值班干部下达生产任务，安排设备修换、保养内容。

2）班后会：对所安排的设备修换、保养工作完成情况进行讲评。

3 司钻巡回检查路线及内容

3.1 检查路线

值班房→盘式辅助刹车→大绳→绞车→防碰天车→司钻井控操作台→死绳固定器→立压表→参数仪→司钻操作箱→刹把→值班房

3.2 检查了解内容

3.2.1 值班房

1）查看工程地质设计（了解地层岩性、确定措施）。

2）检查工程、钻井液班报表、交接班记录、井控记录、坐岗记录、钻具记录、设备运转、保养记录等资料是否齐全，填写是否准确、清洁、及时，无漏填内容。

3.2.2 盘式辅助刹车

1）固定螺栓齐全牢固。

2）动、静摩擦片完好，磨损量不超过规定值。

3）气缸完好不漏气，推盘无损坏，气管线不漏气。

4）循环水路畅通，管线无漏水。

3.2.3　大绳

1）活绳头紧固牢靠，余量长度不小于20cm。

2）钢丝绳一扭断丝不超过3丝。

3）大绳排列整齐，不打扭。

3.2.4　绞车

1）刹车系统连接固定、可靠，润滑良好，灵活好用，刹车气缸进、放气良好，不漏气。

2）平衡装置调节平衡，左右间隙相等。

3）刹带调节螺丝灵活、好用，背帽齐全，顶丝、滚轮完好，调节合适，刹带片与钢毂的磨损量不超过标准。

4）滚筒冷却水路畅通，水质清洁，管线不漏水。

5）各支承轴承润滑良好，黄油嘴齐全。

6）各固定螺栓齐全牢靠，护罩齐全完好。

7）传动链条松紧合适、剪切销齐全完好。

8）绞车离合器完好，固定牢靠，摩擦盘无损坏，磨损量不超过规定值。

9）排绳器完好，及时保养。

10）导气（水）龙头及管线不漏气（水）。

3.2.5　防碰天车

1）过卷阀重锤式：

（1）过卷阀、重锤灵活好用、气路畅通。

（2）开口销符合使用要求，保险可靠。

（3）防碰天车绳松紧合适、无打扭及缠挂井架现象。

2）电子数码式：

（1）电子数码防碰装置及传感器、电磁阀完好、正常。

（2）报警提示及刹车设定是否正确。

3.2.6　司钻井控操作台

1）仪表齐全、完好。

2）气源压力使用符合要求。

3）气控阀手柄齐全、复位良好。

4）无障碍物，操作方便。

3.2.7 死绳固定器

1）各固定螺栓齐全、紧固、无余扣，背帽齐全。

2）钢丝绳排列整齐，按固定围槽排满，挡绳杆齐全。

3）压力传感器、传压管线连接牢固、无渗漏。

4）止回阀、手压泵灵活、好用。

3.2.8 立压表

1）耐震压力表量程符合要求，表盘清洁，指示灵敏准确。

2）冬季采取防冻措施。

3.2.9 参数仪

1）参数仪表齐全、完好、灵敏、准确、整洁。

2）传压器及信号线连接牢固、绝缘、无渗漏。

3）指重表、灵敏表与记录仪读数一致。

4）参数仪安装可靠、防水、防震。

3.2.10 司钻操作箱

1）气开关灵活好用、固定牢靠，仪表齐全、灵敏、准确、清洁。

2）气管线连接牢固不漏气。

3）总气压力符合要求（0.8～1.0MPa）。

3.2.11 刹把

1）刹把活动自如，刹把与钻台面夹角合适（一般不小于45°）。

2）刹把连杆连接可靠。

3.2.12 值班房

1）主持召开班前会，接受生产任务书，填写交接班记录。

2）汇总各岗检查中发现的未整改问题或隐患，并及时反映给值班干部协调解决。

3）安排本班生产内容、操作细节、安全要求等。

4）下班后主持召开班后会，对班组生产情况进行认真总结。

4　副司钻巡回检查路线及内容

4.1　检查路线

值班房→循环罐→储备罐→钻井泵→工具箱→高压管汇→节流管汇→液气分离器→防喷器→压井管汇→远程控制台→单点测斜房→值班房

4.2　检查了解内容

4.2.1　值班房

1）查看工程班报表了解施工情况。

2）查看井控记录、钻井泵运转、保养记录的填写是否准确、及时。

3）了解井深、地层状况及其对钻井液性能的要求。

4.2.2　循环罐

1）钻井液液面高度正常。

2）闸门开关情况。

4.2.3　储备罐

钻井液（或清水）储备符合施工设计要求。

4.2.4　钻井泵

1）润滑良好，油量、油质符合要求（按标准用油）。

2）各连接螺栓齐全、紧固、不松、不刺、不漏。

3）缸套、活塞润滑及冷却良好，拉杆箱内清洁无杂物。

4）运转无杂音。

5）上水管线用卡箍紧固，封闭良好，不漏气。

6）缸套—活塞总成、阀体总成工作正常，不刺漏。

7）安全销定位符合规定。

8）泵压表清洁、灵敏、读数准确，方向正确。

9）空气包充气（氮气或空气）压力为施工泵压的30%。

10）喷淋泵运转正常，皮带齐全、松紧合适、护罩齐全牢固，不漏水，冷却水箱水质清洁，满足润滑冷却要求。

11）泄压管固定牢靠，直径不小于73mm，不变径，用直径12.7mm钢丝绳作为保险绳。

12）泵底座与基础之间无悬空，基础水平，场地平整，无积水。

13）皮带轮固定牢靠，传动皮带齐全、松紧合适，护罩固定牢靠。

4.2.5 工具箱

1）阀座取出器、管钳、撬杠、榔头、拉缸器等工具齐全、完好、清洁。

2）备有适量的易损件。

4.2.6 高压管汇

1）闸门开关位置正确，防止憋泵。

2）法兰、活接头连接紧密，无刺漏，固定牢靠，高压软管缠直径12.7mm钢丝保险绳，两头拴系牢固。

4.2.7 节流管汇

1）闸门齐全、完好、开关灵活、管汇固定牢靠。

2）套压表灵敏、完好、清洁，方向正确。

4.2.8 液气分离器

1）管线连接固定牢靠。

2）工作时罐中压力保持0.7MPa，压力表灵敏、准确。

3）闸门转动灵活。

4.2.9 防喷器

1）螺栓齐全、紧固、清洁、无刺漏。

2）防喷器四通两翼闸门齐全、完好、灵活，开关状态、位置正确。

3）防喷器控制管线活接头连接紧密。

4.2.10　压井管汇

1）闸门齐全、完好，开关灵活，管汇安装符合要求。

2）压力表符合要求，单流阀完好。

4.2.11　远程控制台

1）液压管线连接完好，活接头连接紧密，无刺漏。

2）压力表显示符合要求（供油压力：储能器 17.5～21MPa，管汇压力表 10.5MPa，环型防喷器 10.5MPa，闸板防喷器 10.5MPa）。

3）打压后油量高于下部油标上限。

4）电源开关处于接通状态，电控箱旋钮在自动位。

4.2.12　单点测斜房

1）钢丝绳排列整齐，无死折。

2）计数器准确。

3）控速器灵敏，刹车可靠，滚筒保养及时。

4）电动机运转正常，接地良好。

4.2.13　值班房

1）班前会：

(1）及时向司钻反映巡回检查中发现的未整改问题。

(2）协助司钻安排好本班生产任务分工。

(3）明确本班本岗位设备保养、修换内容。

2）班后会：认真总结本班本岗位工作情况。

5　井架工巡回检查路线及内容

5.1　检查路线

值班房→场地→井架及底座→节流阀控制箱→转盘→提升系统→值班房

5.2　检查了解内容

5.2.1　值班房

1）查阅工程班报表，了解井深及施工情况。

2）查看天车、游车大钩、水龙头、转盘等设备运转、保养记录的填写是否及时、准确，有无错漏。

5.2.2 场地

1）取心工具的检查与维护。

2）大绳抽倒装置配置完整（电动式：电机接地良好），清洁卫生。

3）钻台下各种固定销、剪切销、别针齐全牢固、方向正确，封井器和井口清洁卫生。

5.2.3 井架及底座

1）井架主体、底座、井架梯子、操作台、套管扶正台、立管平台、二层台梯子栏杆无变形，连接销子、剪切销、别针齐全，各拉筋或顶杠无变形。

2）底仓内、外清洁。

3）B型钳、液气大钳悬挂牢靠，悬吊钢丝绳无断丝，不打结。

4）死绳稳绳器固定牢靠，并系保险绳。

5）立管用卡箍、U型卡（或压板）与井架卡牢、紧固，U型卡数量足够。

6）保险带两副，完好、绑牢。

7）操作台固定牢固、兜绳、工具齐全完好，二层台工具不用时必须固定牢靠。

8）二层台立柱排放架、钻铤卡板不变形，固定牢靠。

9）二层台气动小绞车固定牢靠，护罩齐全完好，钢丝绳（直径7.5mm）不打结、无锈蚀、无断丝，保养润滑良好，刹车可靠。

10）天车固定牢靠、挡绳杆齐全、润滑良好。

11）二层台逃生装置安全可靠，逃生钢丝绳（直径12.7

mm）两端拴挂牢固，中间无打结，下端有缓冲沙坑。

12）登梯助力器固定、连接安全可靠。

5.2.4　节流阀控制箱

1）仪表齐全、灵敏、准确、清洁（气泵压力表 0.6～1.0MPa），油压表 1.4～2.0MPa。

2）阀位开启度表为零位，立压表、套压表显示符合工况，换向阀手柄位置正确。

5.2.5　转盘

1）油品、油量、油质符合使用要求，润滑良好。

2）固定螺栓齐全牢靠，制动销灵活好用。

3）运转正常，无发热、跳动和异响。

5.2.6　提升系统

1）游车大钩滑轮护罩固定牢固，滑轮润滑良好，无卡滞，黄油嘴齐全。

2）游车大钩钩口开关灵活，弹簧回位良好，无疲劳松弛，安全锁紧装置、钩体制动装置可靠，各润滑部位黄油嘴齐全。

3）水龙头各个固定螺栓齐全、紧固，黄油嘴齐全，加油孔清洁，放气孔畅通，润滑油量、油质（无钻井液）符合要求，润滑良好，不漏油、不漏钻井液。

4）水龙头中心管转动灵活，无径向跳动，提环转动灵活。

5）水龙头壳体温度不超过 70℃，壳体、油封不漏油。

6）水龙头与水龙带连接处、冲管处、中心管保护接头处不刺漏钻井液。

7）水龙带用直径 12.7mm 钢丝绳，每 0.8～1m 绕一结作为保险绳，一端固定在鹅颈管上，一端固定在高压立管顶端。

8）气动马达气管线固定牢靠，保险绳用 9.5mm 钢丝绳拴牢，旋转短节防扭绳固定牢靠。

9）吊环完好，保险绳可靠。

5.2.7 值班房

1）班前会：

（1）及时向司钻反映巡回检查中发现的未整改问题。

（2）接受司钻的任务分工，明确本班本岗位操作的安全要求和设备保养内容。

（3）进行班前安全讲话。

2）班后会：

（1）参加班后会，总结本班本岗位工作任务执行及完成情况。

（2）进行班后安全讲评。

6 内钳工巡回检查路线及内容

6.1 检查路线

值班房→盘式辅助刹车→绞车→排绳器→水柜和循环水泵→立管压力表、参数仪→内钳→液气大钳→值班房

6.2 检查了解内容

6.2.1 值班房

1）查阅工程班报表，了解施工进度。

2）查看盘式辅助刹车、绞车等设备运转、保养记录的填写是否及时、准确，有无错漏。

6.2.2 盘式辅助刹车

1）固定螺栓齐全牢固。

2）动、静摩擦片完好，磨损量不超过规定值。

3）气缸完好不漏气，推盘无损坏，气管线不漏气。

4）循环水路畅通，管线无漏水。

6.2.3 绞车

1）绞车及其护罩固定牢靠，钢丝绳排列整齐，钢丝绳——扭矩断丝不超过 3 丝。

2）绞车支承轴承、链条、链轮、刹车机构润滑良好。

3）链条连接销、剪切销完好。

4）刹车系统连接、固定可靠，润滑良好，灵活好用，刹车气缸进、排气良好，不漏气。

5）平衡梁调节装置调节平衡，左右间隙相等。

6）刹带调节螺栓灵活、好用，背帽齐全，顶丝、滚轮完好，调节合适，刹带片与钢毂的磨损量不超过规定要求，钢毂无油污。

7）滚筒冷却供水畅通，水质清洁，管线不漏水（注意防止高温激化）。

8）绞车离合器完好，固定牢靠，推盘无损坏，磨损量不超过规定值，离合器快放阀排气迅速，冬季防冻。

9）导气（水）龙头及管线不漏气（水）。

10）绞车清洁卫生。

6.2.4　排绳器

1）排绳器支架固定牢靠。

2）滚轮转动灵活，润滑良好。

6.2.5　水柜和循环水泵

1）水柜内水质、水量符合使用要求。

2）循环冷却水泵固定牢靠，运转正常。

3）冬季采取防冻措施。

6.2.6　立管压力表、参数仪

1）压力表齐全完好，指示灵敏、准确，表盘清洁。

2）参数仪清洁卫生。

6.2.7　内钳

1）钳柄不允许有裂纹。

2）各部位配合要用专用销连接，绝不允许使用代用体。

3）连接部位机油润滑灵活，无阻卡现象。

4）钳牙要装整齐，无松动现象，挡销齐全，钳牙上无油泥，磨损量不影响使用要求。

5）钳体水平，上下移动灵活，与吊绳连接牢靠。

6）钳柄尾部固定牢靠，钳尾销的保险销使用磁性销子，下面装别针。

7）钳尾绳使用直径 19mm 或 22mm 钢丝绳，无断丝，两端各用三个绳卡卡紧。

6.2.8 液气大钳

1）吊绳及尾座固定牢靠（吊绳使用直径 19mm 钢丝绳，大钳高低位调节使用 30kN 的手拉葫芦，水平度满足井口作业要求）。

2）钳头颚板、堵头尺寸与钻具尺寸相符。

3）钳牙齐全完好、固定牢靠，钳头进退活动灵活、转动无阻卡，刹带调节合适。

4）移送气缸、夹紧气缸伸缩、活动自由，不漏气。

5）大钳安全门框齐全、可靠、灵活好用。

6）手动液压换向阀、溢流阀、管线连接处紧密、无渗漏。

7）气控元件固定完好，连接紧密、无漏气，快放阀灵活好用。

8）液压站油量、油温、油质、油压符合使用要求，表面清洁。

9）液压站电动机、柱塞泵运转正常、无杂音，电动机接地良好。

6.2.9 值班房

1）班前会：

（1）及时向司钻反映巡回检查中发现的未整改问题。

（2）接受司钻的任务分工，明确本班本岗位操作的安全要求和设备保养内容。

2）班后会：总结本班本岗位工作任务执行及完成情况。

7　外钳工巡回检查路线及内容

7.1　检查路线

值班房→大门坡道与钻台梯子→液压猫头→转盘传动装置→井口工具→液压绞车→外钳→钻台偏房→油料→值班房

7.2　检查了解内容

7.2.1　值班房

1）查阅工程班报表，了解施工进度。

2）查看猫头绞车、转盘传动装置等设备运转、保养记录的填写是否及时、准确，有无错漏。

7.2.2　大门坡道与钻台梯子

1）钻台栏杆、踢脚板齐全完好。

2）梯子、安全滑梯固定牢靠，并用直径12.7mm钢丝绳拴牢，踏板不开焊变形，扶手齐全。

3）钻台大门坡道固定牢靠，并用直径12.7mm钢丝绳拴牢。

7.2.3　液压猫头

1）液压猫头液压缸完好，拉力符合上、卸扣要求，液压管线及液压缸不漏油。

2）固定螺栓齐全牢靠，护罩完好。

3）钢丝绳无断丝。

7.2.4　转盘传动装置

1）固定牢靠、清洁。

2）链条松紧合适，剪切销齐全，运转无杂音，轴承处温度正常。

3）传动装置油池油量、油质符合使用要求，万向轴黄油嘴齐全，润滑良好。

7.2.5　井口工具

1）卡瓦整体完好，灵活好用，不打滑、不松动。

2）安全卡瓦灵活好用，卡瓦牙、弹簧固定牢靠，各轴节灵活，并加黄油或机油润滑，卡瓦的节数与被卡钻具的直径相符，丝杠和螺母符合使用标准，销子保险链齐全、牢靠。

3）吊卡舌头、活门、保险销灵活可靠，润滑良好（平台阶吊卡，台阶磨损大于3mm必须更换）。

4）钻头盒把手、盖板完好无裂缝，防喷盒把手、盒体完好，开关灵活。

5）提升短节、配合接头摆放整齐，维护良好。

6）上下旋塞、回压阀灵活好用，保养良好。

7.2.6 液压绞车

1）运转正常，固定牢靠，护罩齐全完好，液压管线及接头处无漏油。

2）钢丝绳排列整齐，无断丝，长度合适。

3）吊钩与钢丝绳固定牢靠，钩口安全装置齐全好用。

7.2.7 外钳

1）钳柄不允许有裂纹。

2）各部位配合要用专用销连接，绝不允许使用代用销。

3）连接部位机油润滑灵活，无阻卡现象。

4）钳牙要装整齐，无松动现象，挡销齐全，钳牙上无油泥，磨损量不影响使用要求。

5）钳体水平，上下移动灵活，与吊绳连接牢固。

6）钳柄尾部固定牢靠，钳尾销的保险销使用磁性销子，下面装别针。

7）钳尾绳使用直径19mm或22mm钢丝绳，无断丝，两端各用三个绳卡卡紧。

7.2.8 钻台偏房

1）钻杆钩子、刮泥器清洁完好。

2）手工具清洁、摆放整齐、齐全无损坏。

3）黄油枪完好、使用灵活。

4）管钳及链钳完好。

5）钻台、钻台偏房清洁卫生。

7.2.9　油料

1）螺纹脂数量、质量满足要求，无泥砂，无硬块。

2）润滑脂、润滑油数量充足，质量合格。

7.2.10　值班房

1）班前会：

（1）及时向司钻反映巡回检查中发现的未整改问题。

（2）接受司钻的任务分工，明确本班本岗位操作的安全要求和设备保养内容。

2）班后会：总结本班本岗位工作任务执行及完成情况。

8　场地工巡回检查路线及内容

8.1　检查路线

值班房→钻具→井场→消防房→工具→振动筛→高架槽→爬犁→值班房

8.2　检查了解内容

8.2.1　值班房

1）查阅工程班报表、钻具记录，了解施工进度。

2）查看振动筛等设备运转、保养记录的填写是否及时、准确，有无错漏。

3）值班房清洁、卫生。

8.2.2　钻具

1）钻具以内螺纹一端为基准按入井顺序排列编号，摆放整齐、数量准确。

2）螺纹清洗干净、涂好螺纹脂，水眼畅通，无杂物。.

3）检查钻具有无损坏，好坏钻具标识明显并分开摆放。

4）钻具上、下钻台带好护丝。

8.2.3　井场

井场平整、卫生、无杂物。

8.2.4 消防房

1）消防器材种类、数量齐全，做到“三定一挂”管理（定人、定岗、定期检查、挂牌管理）。

2）灭火器、消防钩、消防锹、消防斧、消防筒、消防水龙带等工具齐全完好，消防砂按规定配备。

8.2.5 工具

工具数量充足、整齐、完好、清洁（钻杆护丝、提丝、锹、镐、扫把、绳套、撬杠等）。

8.2.6 振动筛

1）各部螺栓紧固、齐全，黄油嘴齐全，润滑良好。

2）筛布完整，固定牢靠，筛布上及振动筛附近无积砂，返砂及钻井液返出正常。

3）电动机、接线防爆，运转正常，护罩齐全，固定牢靠，接地线接地良好。

4）若停用时，筛布用水清洗干净。

8.2.7 高架槽

1）固定牢靠，不漏钻井液，槽内无积砂。

2）检查钻井液返出情况如流动性、油气显示等。

8.2.8 爬犁

物品摆放整齐。

8.2.9 值班房

1）班前会：及时向司钻反映巡回检查中发现的未整改问题，接受司钻的任务分工，明确本班本岗位操作的安全要求和设备保养内容。

2）班后会：总结本班本岗位工作任务执行及完成情况。

9 钻井液技术员（大班）巡回检查路线及内容

9.1 检查路线

值班房→钻井液化验室→钻井液净化设备→循环罐→搅拌机和剪切泵→清水罐→液面报警器→加重设备→钻井液材料→值班房

9.2　检查了解内容

9.2.1　值班房

查阅工程班报表等资料，了解井深、地层和工程技术措施。

9.2.2　钻井液化验室

1）检查、校准各种测量仪器，准确测量钻井液性能。

2）审查钻井液班报表和净化设备运转、保养记录的填写是否符合要求并做签认。

3）明确钻井液性能要求，制定处理措施。

9.2.3　钻井液净化设备

1）振动筛运转正常，筛布完整、固定牢固。

2）除砂清洁器、除泥清洁器运转正常、完好。

3）离心机：

(1）防爆电动机与供液泵运转正常，各管线、闸门、出液口不跑漏钻井液或清水。

(2）启用离心机前要盘转滚筒是否转动灵活。

(3）运转时平稳正常，各支承轴承温度适宜、润滑良好，黄油嘴齐全。

(4）停用离心机后要彻底清洗滚筒。

(5）检查出砂口砂子状态，及时调整负荷。

9.2.4　循环罐

1）各循环罐搅拌器运转、润滑良好。

2）各循环罐间连接管线连接紧密无刺漏。

3）各罐体不倾斜，栏杆、上罐梯子固定牢固、不变形。

4）储备罐钻井液储备量及性能符合设计施工要求。

9.2.5　搅拌机和剪切泵

搅拌机运转正常，润滑保养良好；剪切泵管线无刺漏、堵塞。

9.2.6 清水罐

清水罐（高架水罐）、固井水罐清水储量及水质符合设计、施工要求。

9.2.7 液面报警器

1）固定牢靠，定位正确，灵活好用。

2）气路（电路）畅通，上、下气开关（液面感应器），喇叭（蜂鸣器）灵活好用。

9.2.8 加重设备

电动机、加重漏斗完好、灵活好用，不跑冒钻井液。

9.2.9 钻井液材料

1）钻井液材料的品种、性能和数量满足施工要求。

2）钻井液材料分类摆放整齐，库外存放应下垫上盖。

9.2.10 值班房

1）班前会：反映巡回检查中发现的未整改问题，交待本班钻井液处理的技术措施，安排本班净化设备的维护、保养内容。

2）班后会：对钻井液处理及净化设备的维护、保养情况进行总结。

10 钻井液工巡回检查路线及内容

10.1 检查路线

值班房→钻井液化验室→搅拌机和剪切泵→钻井液净化设备→循环罐、药品罐、储备罐→液面报警器→加重设备→钻井液材料→值班房

10.2 检查了解内容

10.2.1 值班房

1）查阅工程班报表等资料，了解施工进度。

2）查看坐岗记录、净化设备运转、保养记录的填写是否符

合要求。

10.2.2　钻井液化验室

1）查看钻井液班报表，了解钻井液性能。

2）各种测量仪器完好、齐全、准确，工具清洁齐全。

3）化验室及各测量仪器清洁。

10.2.3　搅拌机和剪切泵

1）搅拌机护罩皮带齐全，接地良好，卫生清洁。

2）润滑点润滑良好，油量充足，油质合格。

3）电动机运转正常。

10.2.4　钻井液净化设备（除气器、除砂清洁器、除泥清洁器、离心机）

1）除气器：

（1）固定可靠，护罩齐全完好。

（2）润滑保养良好，运转正常。

（3）进、排液管线畅通、防堵。

（4）旋转方向正确，严禁逆转。

（5）使用完毕，应用清水冲洗。

2）除砂清洁器：

（1）固定牢固，管线连接与密封良好。

（2）压力表量程符合要求。

（3）砂泵固定，油量、密封、传动部分符合要求，接地良好。

（4）靠背轮护罩齐全紧固。

（5）小振动筛运转正常，筛布完整、固定牢固，停用后清洗干净，护罩齐全，皮带松紧合适。

（6）使用时根据钻井液含砂量来调节出砂口的大小。

（7）卫生清洁，标识清晰。

3）除泥清洁器：

（1）固定牢固，管线连接与密封良好。

（2）压力表量程符合要求。

（3）除泥泵固定牢固，油量、密封、传动部分符合使用要求。

（4）靠背轮护罩齐全、紧固。

（5）小振动筛运转正常，筛布完整、固定牢固，停用后清洗干净。

（6）使用时根据钻井液的性能调节出泥口大小。

（7）卫生清洁，标识清晰。

4）离心机：

（1）固定牢固，护罩齐全，皮带松紧合适。

（2）接地良好，电源线不裸露。

（3）HSE 标识清晰（防机械伤手，防触电等）。

（4）供液泵及电动机运转、供液正常，各管线、闸门、出液口不漏或跑钻井液及清水。

（5）启用离心机前要盘转滚筒，检查是否转动良好，按要求启动，运转时检查各支承轴承温度，根据出砂状况及时调整进液量。

（6）离心机停用时要检查是否彻底清洗滚筒。

5）冬季施工时，净化设备必须采取防冻措施。

10.2.5 循环罐、药品罐、储备罐

1）循环罐：

（1）罐面清洁、无杂物。

（2）走道、梯子、栏杆齐全、完好，固定可靠，走道、梯子系保险绳。

（3）钻井液搅拌器运转正常，接地良好，HSE 标识清晰。

（4）罐间连接不滴、漏钻井液。

2）药品罐：

（1）罐体清洁，摆放位置合适。

（2）罐体及管线连接处无滴漏。

3）储备罐：

（1）罐体不倾斜。

（2）上罐梯子及扶手栏杆固定牢固，不变形，系保险绳。

（3）钻井液储备量及性能符合设计、施工需要。

（4）清水罐（高架水罐）、固井水罐清水储量及水质符合设计、施工要求。

10.2.6　液面报警器

1）自浮式液面报警器固定牢靠，标尺清晰、定位正确，气路畅通，气开关和喇叭正常。

2）感应式液面报警器固定牢靠，定位正确，反应灵敏，电路供电可靠，蜂鸣器灵活好用。

10.2.7　加重设备

1）电动机固定牢靠，运转正常，靠背轮护罩完好，固定牢靠，接地良好。

2）加重泵运转正常，密封圈密封、无刺漏。

3）加重漏斗维护良好。

10.2.8　钻井液材料

1）分类摆放整齐。

2）库外材料应下垫上盖。

3）品种、数量、性能符合设计。

10.2.9　值班房

1）班前会：及时向司钻反映巡回检查中发现的未整改问题，接受司钻的任务分工和钻井液技术员或大班的技术措施安排，明确本岗位设备保养内容和操作的安全要求。

2）班后会：认真做工作总结。

11 机电大班巡回检查路线及内容

11.1 检查路线

值班房→机房底座→卡特柴油机—阿里森变速箱—液压马达→并车传动装置→独立机泵组柴油机及传动装置→压风机房→发电房→配电房→油罐区→循环罐电器线路→钻台、井架电器线路→井场照明线路→井控房电器线路→生活区电器线路→打水泵→机房、修理房及机房库房→值班房

11.2 检查了解内容

11.2.1 值班房

查阅工程班报表等资料，了解施工工况。

11.2.2 机房底座

1）底座安装符合要求，与基础接触无悬空。

2）各飘台、梯子、栏杆固定牢固。

3）主机橇与底座固定牢固。

4）手工具及专用工具齐全、完好、清洁、摆放整齐。

5）底仓内储气瓶完好清洁，压力表、安全阀、排污阀齐全、完好。

6）各气管线、阀门不漏气。

7）主机橇及底座各照明设施齐全、完好。

8）主机橇及底座内外清洁卫生。

11.2.3 卡特柴油机—阿里森传动箱—液压马达

1）卡特柴油机：

（1）运转正常，仪表齐全，灵敏准确。

（2）各管线、丝堵、密封端盖不渗不漏。

（3）固定良好无松动。

（4）风扇头及风扇传动、小空气压缩机固定，润滑好，皮带松紧合适。

（5）曲轴箱油位、油质符合用油要求。

(6) 增压器运转正常。

(7) 散热器清洁，水箱水位、水质符合用水要求。

(8) 声音、排温、排烟正常。

(9) 各安全装置灵活好用。

2) 阿里森传动箱：

(1) 固定牢靠，安装符合要求 。

(2) 液力传动油油量、油质符合用油要求，各连接处不漏油。

(3) 仪表齐全完好，指示灵敏。

(4) 液力传动油工作压力正常。

3) 液压马达：

(1) 固定牢固。

(2) 进、排管线连接处、马达与变速箱连接处无漏油。

(3) 液压油箱油量、油质符合要求，不漏油，滤清器保养良好。

11.2.4 并车传动装置

1) 固定牢固，运转无振动及异响。

2) 油量、油质、油温符合要求，润滑良好，不漏油。

3) 各轴承温度合适。

4) 万向轴运转无异响，保养良好，离合器摘挂灵活。

11.2.5 独立机泵组柴油机及传动装置

1) 柴油机：

(1) 油、水、气无跑、冒、滴、漏现象，柴油机表面清洁。

(2) 燃油箱油位、油质符合要求。

(3) 油底壳内机油油位、油质符合要求，按质换油。

(4) 散热器水箱水位、水质符合用水要求，运转时返水正常。

(5) 喷油泵及调速器内润滑油的油质、油量符合要求。

(6) 机油压力、排烟正常，无异常响声。

(7) 在正常运转情况下，油、水温度符合要求。

(8) 飞轮不摆动，轴向窜动不超过规定要求，各部分连接螺栓紧固。

(9) 三滤（空气、机油、柴油）完好无损坏，空气不短路，机油、柴油不渗漏，按要求保养、更换。

(10) 机座固定螺栓及压板齐全紧固，底座与基础接触无悬空。

(11) 风扇传动轴固定可靠，轴承润滑良好，皮带松紧合适。

2) 独立机泵组传动装置：

(1) 固定螺栓无松动，运转平稳无振动、无异常响声。

(2) 变速箱或变矩器油质、油量、油温符合使用要求。

11.2.6　压风机房

1) 各螺栓紧固，运转时打气正常，仪表灵敏、准确，指示正常。

2) 油气桶内油量、油质符合要求，各管线不漏油、不漏气。

3) 运转无异常响声及振动，传动皮带松紧合适。

4) 压风机房内清洁卫生，通风良好，室内环境温度不超过40℃，接地良好。

5) 止回阀、安全阀、排污阀灵活好用。

6) 安全保护系统及报警装置灵活好用。

7) 干燥机运转正常，排污阀灵活好用。

8) 动力线、照明线路布线合理，接线符合要求。

9) 灭火器做到“三定一挂”管理。

11.2.7　发电房

1) 发电机组各接线柱牢固，发电正常，接地良好。

2) 柴油机运转无杂音，油压、油温、水温符合要求，无异常现象。

3）仪表盘各种仪表（油压、油温、水温、电流、电压、频率）灵敏准确，各种开关防爆好用。

4）消防器材做到“三定一挂”管理。

5）发电房清洁卫生，接地符合要求。

11.2.8　配电房

1）检查当班机房、发电房设备运转、保养记录的填写是否认真准确、及时、全面、整洁，并做签认或纠正整改。

2）认真做好机油斑点化验和记录填写。

3）保持房内温度适宜，通风良好，地板绝缘符合要求，卫生清洁。

4）配电柜固定牢靠，接地良好。

5）电流、电压、功率表齐全、完好、灵敏、准确。

6）各接线柱接线牢靠，电气开关灵活好用，用途标识齐全。

7）防触电等 HSE 标识清晰。

8）灭火器做到“三定一挂”管理（定人、定岗、定期检查、挂牌管理）。

9）配电房接地符合要求。

11.2.9　油罐区

1）柴油、机油、液压油及液力传动油储量足够，满足生产需要，“三五过滤”齐全有效。

2）管线、阀门不渗不漏。

3）滤清器完好，及时保养或更换。

4）打油泵及其控制开关防爆、工作正常、接地良好。

5）冬季用油应符合防冻要求。

6）灭火器做到“三定一挂”管理。

11.2.10　循环罐电器线路

1）各防爆电动机运转正常，润滑良好。

2）线路布置标准，无老化、漏电现象。

3）各配电箱（启动按钮）接线良好，固定牢靠，防火、绝缘。

4）泵房照明设施齐全、完好。

5）循环罐电动机接地良好（防爆电路按保护接零线路接线）。

11.2.11 钻台、井架电器线路

1）井架、钻台上、下照明设施齐全完好，满足夜间施工需要。

2）线路走向正规，不漏电，灯具防爆。

3）液压站电动机运转正常，接线防爆，线路无破损漏电，接地良好。

11.2.12 井场照明线路

探照灯齐全完好，专线控制（禁止使用拉线开关），接线线路按规定要求。

11.2.13 井控房电器线路

1）专线控制，进井控房处加绝缘管，电控箱固定牢固，灵活好用，室内照明设施完好，灯具防爆。

2）柱塞泵电动机运转正常，接线正确。

11.2.14 生活区电器线路

1）线路布局合理，三相均衡不超载，连接牢固，绝缘良好。

2）生活区总闸固定牢靠、防雨，进出线接线按规定要求。

3）房屋接地与照明符合规定。

4）室内接线按规定要求，无乱拉乱接，漏电保护开关齐全完好，动作灵敏、安全有效。

5）电暖器接线按规定要求，固定牢靠，前方、上方敞开，无易燃物。

6）食堂操作间及库房电器设备护罩齐全，接线按规定要求，漏电保护开关齐全完好，动作灵敏。

11.2.15 打水泵

电动机工作正常，接线按规定要求，开关固定牢固，防火、防漏电。

11.2.16 机房、修理房及机房库房

1）各种工具、备件摆放整齐、有序、清洁。

2）备件准备充足，挂牌存放，用料有记录。

11.2.17 值班房

1）班前会：反映巡回检查中发现的未整改问题，协助值班干部下达机房修换、保养、维护内容。

2）班后会：对机房工作情况进行评价、总结。

12 机电工巡回检查路线及内容

12.1 检查路线

值班房→主机橇与底座→卡特柴油机—阿里森变速箱—液压马达→并车传动箱→独立机泵组柴油机及传动装置→压风机房→发电房→配电房→油罐区→其他→值班房

12.2 检查了解内容

12.2.1 值班房

查阅工程班报表等资料，了解施工状况。

12.2.2 主机橇与底座

1）主机橇与底座固定牢固。

2）底座安装符合要求，与基础接触无悬空。

3）各飘台、梯子、栏杆固定牢固。

4）手工具及专用工具齐全、完好、清洁、摆放整齐。

5）底仓内储气瓶完好清洁，压力表、安全阀、排污阀齐全、完好。

6）各气管线、阀门不漏气。

7）主机橇及底座各照明设施齐全、完好。

8）主机橇及底座内外清洁卫生。

12.2.3 卡特柴油机—阿里森传动箱—液压马达

1）卡特柴油机：

（1）运转正常、仪表齐全、灵敏准确。

（2）各管线、丝堵、密封端盖不渗不漏。

（3）固定良好无松动。

（4）风扇头及风扇传动、小空气压缩机固定、润滑好，皮带松紧合适。

（5）曲轴箱油位、油质符合用油要求。

（6）增压器运转正常。

（7）散热器清洁，水箱水位、水质符合用水要求。

（8）声音、排温、排烟正常。

（9）各安全装置灵活好用。

（10）蓄电池电压、电解液符合要求，接线柱紧固，充电器（机）正常。

2）阿里森传动箱：

（1）固定牢靠，安装符合要求 。

（2）液力传动油油量、油质、油温、油压符合用油要求，各连接处不漏油。

（3）仪表齐全完好，指示灵敏。

（4）液力传动油工作压力正常。

（5）变速换挡装置好用，变速箱运转无杂音。

3）液压马达：

（1）固定牢固。

（2）进、排管线连接处、马达与变速箱连接处无漏油。

（3）液压油箱油位。

12.2.4 并车传动箱

1）固定牢固，运转无振动及异常响声。

2）油量、油质、油温符合要求，润滑良好，不漏油。

3）各轴承温度合适。

4）万向轴运转无异常响声，保养良好，离合器摘挂灵活。

12.2.5 独立机泵组柴油机及传动装置

1）柴油机：

（1）油、水、气无跑、冒、滴、漏现象，柴油机表面清洁。

（2）燃油箱油位、油质符合要求。

（3）油底壳内机油油位、油质符合要求，按质换油。

（4）散热器水箱水位、水质符合用水要求，运转时返水正常。

（5）喷油泵及调速器内的润滑油油量、油质符合要求。

（6）机油压力、排烟正常，无异常响声。

（7）在正常运转情况下，油、水温度符合要求。

（8）飞轮不摆动，轴向窜动不超过标准，各部分连接螺栓紧固。

（9）三滤（空气、机油、柴油）完好无损坏，空气不短路，机油、柴油不渗漏，按要求保养、更换。

（10）机座固定螺栓及压板齐全紧固，底座与基础接触无悬空。

（11）风扇传动轴固定可靠，轴承润滑良好，皮带松紧合适。

2）独立机泵组传动装置：

（1）固定螺栓无松动，运转平稳无振动、无异常响声。

（2）变速箱或变矩器油质、油量、油温符合使用要求。

（3）各支承轴承润滑良好，温度正常。

（4）离合器磨损量符合要求，钢毂表面无油污。

12.2.6 压风机房

1）各螺栓紧固，运转无异常响声及振动。

2）仪表灵敏准确，指示正常。

3）油气桶内油量、油质符合要求，管线不漏油、不漏气。

4）止回阀、安全阀、排污阀灵活好用。

5）安全保护系统及报警装置灵活好用。

6）干燥机运转正常，排污阀灵活好用。

7）压风机房内清洁卫生，通风良好，室内环境温度不超过40℃。

12.2.7 发电房

1）柴油机、发电机运转、供电正常，保养维护及接地良好。

2）冷却液、燃油、机油油质、油量符合要求，各管线及密封处无跑、冒、漏现象。

3）柴油机运转无杂音，仪表盘各种仪表（油压、油温、水温、电流、电压、频率）灵敏准确，各种开关防爆好用。

4）安全保护装置及报警指示灯灵活好用，指示正常。

5）发电机组各接线柱牢固，发电正常。

6）控制系统、蓄电池、充电器正常，维护良好。

7）消防器材做到“三定一挂”管理。

12.2.8 配电房

1）机房设备运转、保养记录：

（1）记录填写清晰、全面，真实反映设备运行状况。

（2）记录本整洁，填写规范。

（3）原始数据累计准确无误。

2）保持房内温度适宜，通风良好，地板绝缘符合要求，卫生清洁。

3）配电柜固定牢靠，接地良好。

4）电流、电压、功率表齐全、完好、灵敏、准确。

5）各接线柱接线或插接接头插接牢靠。

6）防触电等HSE标识清晰。

7）灭火器做到“三定一挂”管理。

12.2.9 油罐区

1）柴油储量充足，满足生产需要。

2）管线、阀门不渗不漏。

3）滤清器完好，保养或更换及时。

4）打油泵及其控制开关防爆、工作正常、接地良好。

5）罐区无泄漏，废油废水及时回收处理。

6）冬季用油应符合防冻要求。

7）灭火器做到“三定一挂”管理。

12.2.10　其他

1）在沙漠、高原地区作业应加强油、水管理，防沙尘污染。

2）柴油机、压风机等必须防沙尘，空气滤清器、机油滤清器及时保养。

12.2.11　值班房

1）班前会：及时向司钻反映巡回检查中发现的未整改问题，根据任务安排，明确本班机房设备修换、保养、维护内容。

2）班后会：及时进行本班工作总结。

13　机电工助手巡回检查路线及内容

13.1　检查路线

值班房→压风机房→发电房→配电房→线路及照明设施→油罐区→值班房

13.2　检查了解内容

13.2.1　值班房

查阅工程班报表等资料，了解施工进度。

13.2.2　压风机房

1）各螺栓紧固，运转时打气正常。

2）仪表灵敏、准确、指示正常，参数显示符合要求。

3）油气桶内油量、油质符合要求。

4）管线不漏油、不漏气。

5）运转无异常响声及振动。

6）压风机房内清洁卫生，通风良好，室内环境温度不超过40℃。

7）传动皮带松紧合适。

8）止回阀、安全阀、排污阀灵活好用。

9）安全保护系统及报警装置灵活好用。

10）干燥机运转正常，排污阀灵活好用。

11）动力线、照明线路布线合理，接线符合要求。

12）灭火器做到“三定一挂”管理（定人、定岗、定期检查、挂牌管理）。

13.2.3 发电房

1）HSE标识（防触电）齐全、清晰，接地线良好。

2）发电机组：

（1）安装符合要求，运转平稳正常，无异常现象及响声。

（2）冷却液、燃油、机油品质、数量符合要求，无跑、冒、漏、堵现象。

（3）温度、油压、转速、电压、频率、电流（三相平衡）、功率符合要求。

（4）柴油滤清器、机油滤清器、空气滤清器保养或更换符合要求。

（5）控制系统灵敏、可靠，线头无松动，防尘、防潮、防震。

（6）安全保护装置及报警指示灯灵活好用，指示正常。

（7）蓄电池电压、电解液符合要求，接线柱紧固，充电器（机）正常。

（8）机组清洁、防潮。

（9）运转保养记录填写真实、准确、字迹整洁。

3）手工具齐全、清洁，摆放整齐。

4）灭火器做到“三定一挂”管理（定人、定岗、定期检查、挂牌管理)。

13.2.4 配电房

1)房内温度适宜,通风良好,地板绝缘符合要求,卫生清洁。

2)配电柜固定牢靠。

3)各电流、电压、功率表齐全、完好、灵敏、准确。

4)各开关、接触器、继电器的触头无灼伤及严重磨损。

5)接线柱接线或插接接头插接牢靠。

6)各主要电器的通断准确、可靠,保护电器整定值符合要求。

7)防触电等 HSE 标识清晰。

8)灭火器做到“三定一挂”管理。

9)接地良好。

13.2.5 线路及照明设施

1)机房、钻台及井架、井场、循环罐区、泵房、生活区线路布局合理,接线规范。

2)电缆线无断线及破损裸露,电缆线是否浸泡在油、水、钻井液中使用。

3)各电动机、电器设备接地线符合要求。

4)各漏电保护器、防爆磁力启动器、防爆插接件、防爆分线箱及其他防爆器件是否完好,隔爆面有无损坏,如划伤等。

5)井架线路的管线、管卡、灯具、活动灯架的螺栓、销子及焊接件是否可靠。

6)电缆槽摆放平齐,槽内电缆排放整齐,电缆槽无破损,外观清洁,连接紧密。

7)各照明灯具防爆,符合照明要求。

13.2.6 油罐区

1)油品(柴油、机油、液压油及液力传动油)、油质、油量符合要求。

2）罐口密封严紧，滤清器完好并及时清洗或更换。

3）排污阀完好，定期排污。

4）打油泵组运转正常，电动机及其接线、启动开关符合防爆要求，接地良好。

5）流量计完好、灵敏准确，管汇、阀门无跑、冒、滴、漏现象，管线连接用卡箍卡紧。

6）罐区清洁，废油、废水及时回收、处理，防止污染环境。

7）消防器材齐全完好，做到“三定一挂”管理。

13.2.7 值班房

1）班前会：及时向司钻反映巡回检查中发现的未整改问题，明确本岗位设备修换、保养、维护内容。

2）班后会：总结工作完成情况。

电动钻机

1 值班干部巡回检查路线及内容

1.1 检查路线

值班房→钻井液化验室→地质房→井控主要设备→钻台→井架及底座→绞车及动力机组、电磁刹车→发电房→循环罐区→钻井泵及电动机→井场→材料房→值班房

1.2 检查了解内容

1.2.1 值班房

1）检查工程班报表、交接班记录、井控记录、坐岗记录、钻具记录、机械设备运转、保养记录的填写是否及时、准确、规范，字迹是否整洁，填写有无错漏。

2）查看值班房是否清洁卫生。

1.2.2 钻井液化验室

1）查看钻井液班报表填写情况，钻井液性能参数是否符合设计要求及满足施工要求。

2）化验仪器、药品储藏瓶摆放整齐、完好清洁。

3）化验室清洁卫生。

1.2.3　地质房

了解井深、钻时、地层岩性以及录井情况，关注地质有关地层变化、异常高低压、油气显示、防硫化氢提示等。

1.2.4　井控主要设备

1）防喷器安装牢固，固定螺栓齐全无松动，防喷器保护伞安装牢靠。

2）防喷器扶正固定正反扣螺栓调节合适，无松动。

3）防喷器连接法兰紧密无渗漏。

4）压井管汇和节流管汇各闸门灵活好用，处于待命工况，连接法兰螺栓齐全、紧固、无松动。

5）放喷管线固定牢固，井场允许时长度不小于75m。

6）远程控制台设备正常，维护良好，电源线及控制开关、液控管线接线符合井控要求。

1.2.5　钻台

1）防碰天车安全牢靠，灵活好用。

2）井口工具齐全、完好、摆放整齐，保养维护良好，灵活好用无卡滞，安全销或固定螺栓齐全等。

3）吊绳、钳尾绳固定牢靠，无断丝。

4）猫头绞车保养良好，猫头光滑无沟槽。

5）司钻操作箱各仪表、电控开关、旋钮、按钮、指示灯及气控阀完好，气路正常，刹把高低合适。

6）参数仪、立管压力表灵敏、准确、清洁。

7）转盘及转盘传动装置固定牢固，润滑油油量、油质符合用油要求，传动链条、链轮及万向轴完好，各支承轴承运转时温度正常，滚子方补心螺栓紧固，并检查其磨损情况。

8）提升系统（天车、游车、大钩、水龙头、大绳等）：

（1）天车、游车、大钩保养良好，运转正常无卡滞。

（2）水龙头运转正常无卡滞，润滑油油量、油质符合用油要求，水龙头提环、自动上扣器、冲管密封圈保养良好，水龙带、吊环、气动马达保险绳齐全、有效。

（3）大绳断丝一扭不超过3丝，死绳固定器各固定螺栓无松动，挡绳杆齐全。

9）液压锚头、液气大钳、液压站运转正常，维护完好。

10）钻台偏房清洁卫生，工具排放整齐、清洁。

11）气动（液压）绞车保养良好，钢丝绳无断丝，排列整齐。

12）钻台栏杆、安全滑梯、上钻台梯子及扶手固定牢靠，卫生清洁，钻台上各梯子及坡道口防护链齐全并挂牢，安全滑梯固定牢靠，缓冲沙数量充足。

13）钻台上润滑油、润滑脂、螺纹脂按要求保管、使用。

1.2.6 井架及底座

1）井架、底座及钻台偏房支撑架各杆件无变形。

2）各连接销及其剪切销、别针齐全。

3）底座与基础接触良好，无悬空。

4）起放钻台、井架钢丝绳保养良好。

1.2.7 绞车及动力机组、电磁刹车

1）绞车固定螺栓无松动，润滑保养良好，运转正常。

2）活绳端固定符合安装要求。

3）主刹车：

（1）带式刹车：

①刹带、刹车毂完好，磨损量符合要求。

②平衡梁调节符合要求，刹车曲轴轴套无松动。

③刹车气缸灵活，固定牢靠。

（2）盘式刹车：

①液压站清洁卫生，电动机、柱塞泵运转正常，无杂音。

②液压油油量合适，最高工作油温不大于60℃，最高工作油压为8MPa，滤清器指示正常。

③液压管线完好无损，连接紧密，无渗漏。

④刹把灵活好用，操作方便，固定牢靠。

4）动力机组：

（1）固定牢靠。

（2）A，B电动机输入轴轴承运转及温度正常，润滑好，无杂音。

（3）绞车惯性刹车离合器固定牢靠，摩擦片完好，磨损量不超过规定值，支承轴承润滑好。

（4）机油泵工作正常，滤清器清洁，喷嘴不堵塞，方向正确，油管线畅通，连接紧密，油压正常（0.2～0.5MPa）。

5）电磁刹车固定螺栓无松动，拨叉及连杆不松，运转正常。

6）循环冷却水水量、水质符合使用要求，水泵运转正常，水、气龙头灵活好用，管线畅通，不漏水、气。

7）绞车及电磁刹车清洁。

1.2.8 发电房

1）各柴油机、发电机、压风机固定螺栓无松动，运转正常，各仪表齐全，指示准确。

2）发电房、SCR房、MCC房干燥、清洁卫生，手工具齐全，摆放整洁。

3）各照明设施齐全、防爆。

4）油罐储油量满足施工要求，管线连接紧密无滴漏，输油泵运转正常，接地良好，防爆。

5）SCR房、MCC房温度合适，电压表、电流表、频率表、千瓦表、千乏表及各指示灯等指示正常，各电器开关完好。

6）消防器材符合使用、存放要求。

7）设备运转保养记录填写及时、准确、规范，字迹整洁，填写无错漏。

1.2.9 循环罐区

1）各罐钻井液量充足，连接管线紧密，阀门进出口畅通。

2）各罐搅拌器运转正常，卫生清洁。

3）液面报警器卡位正确，反应灵敏。

4）储备罐钻井液（清水）储量及性能符合设计要求，供水泵运转正常，水源充足。

5）循环罐梯子固定牢靠，并系好保险绳，走道、栏杆无变形，固定可靠。

6）各钻井液罐电器线路接线标准，电缆线无破损。

7）净化设备固定牢靠，运转正常，接地良好、卫生清洁，真空除气器马达油量要充足。查看振动筛返砂，掌握井下情况。

8）高架槽固定牢靠，槽内无沉砂，不漏钻井液，槽外卫生清洁，注意钻井液返出、流动性和油气显示。

9）药品罐固定牢靠，无跑冒现象，清洁卫生。

1.2.10 钻井泵及电动机

1）钻井泵润滑良好，油量、油质符合使用要求，排污阀完好，按规定要求及时排污。

2）拉杆卡箍螺栓齐全、紧固，缸套活塞不刺漏钻井液，冷却水清洁。

3）运转无杂音。

4）上水部分密封好，不漏气，排水部分不刺、不漏。

5）安全阀可靠，保险销定位符合规定，泄压管线安装符合要求。

6）压力表齐全、准确、灵敏、清洁、方向正确。

7）喷淋泵运转正常，润滑良好，皮带松紧合适，护罩齐全可靠。

8）地面高压管汇闸门开关位置正确，管线不跳动。

9）法兰、活接头连接紧密，不刺、不漏，阀箱固定牢靠，无松动。

10）泵底座与基础之间无悬空、倾斜。

11）钻井泵卫生清洁，地面平整，排污及时。

12）机油泵工作正常，滤清器清洁，喷嘴不堵塞，方向正确，油管线畅通，连接紧密，油压正常。

13）A，B 电动机及冷却风机固定牢靠，运转正常，无杂音；传动皮带（链条）松紧合适，护罩齐全牢靠。

1.2.11 井场

1）场地平整，无杂物。

2）钻具排列整齐，分类排放，查看使用情况。

3）消防工具（房）齐全，摆放整齐，消防砂量充足。

4）消防器材做到“三定一挂”管理（定人、定岗、定期检查、挂牌管理）。

1.2.12 材料房

1）材料房各种备用材料齐全，摆放整齐。

2）用料有记录，账、卡、物相符。

3）安全防盗，卫生清洁。

4）爬犁位置合理，物品摆放整齐并盖好。

1.2.13 值班房

1）召开班前会，下达生产任务，明确安全操作要求，安排辅助工作，在生产任务书上签字。

2）对交接班中因交接不清需协调的问题进行协调解决。

3）召开班后会，总结班组生产及 HSE 执行情况。

2　司钻大班巡回检查路线及内容

2.1　检查路线

值班房→提升系统→转盘→转盘传动箱→液气大钳→液压猫头→气动（液压）绞车→司钻操作箱及电控箱→气路→绞车及动力机组→电磁刹车→冷却水罐→钻井泵及电动机→振动筛→材料房→机械修理房→值班房

2.2　检查了解内容

2.2.1　值班房

1）查看工程班报表，了解井深及施工工况。

2）审查机械运转、保养记录的填写是否及时、准确、规范、字迹整洁，有无漏填内容，并就当天的机械运转、保养记录填写质量做签认。

2.2.2　提升系统

1）天车、游车、大钩按规定要求保养，运转正常无卡滞。

2）水龙头运转正常，润滑油油量、油质符合用油要求，水龙头提环、自动上扣器、冲管密封圈等按规定要求保养，水龙带、吊环、气动马达的保险绳齐全、有效。

3）大绳断丝一扭不超过 3 丝，死绳固定器各固定螺栓无松动，挡绳杆齐全。

2.2.3　转盘

1）用油量、油质符合要求，润滑好。

2）各定位螺栓齐全牢靠，转盘运转无杂音。

2.2.4　转盘传动箱

1）油量充足，不变质，润滑好，黄油嘴齐全。

2）各部位固定螺栓齐全牢靠，护罩完好。

3）摩擦片完好，磨损量不超过规定值，支承轴承润滑好，密封性好，无漏油，轴承温度正常。

4）万向轴固定牢靠，润滑好。

5）转盘离合器及惯性刹车离合器固定牢靠，摩擦片完好，磨损量不超过规定值，支承轴承润滑良好。

2.2.5　液气大钳

1）吊绳及尾座固定牢靠。

2）液、气控元件固定完好，连接管线紧密，快放阀灵活好用，离合器完好。

3）钳头，堵头尺寸与钻具尺寸相符。

4）液压站油量、油温、油压、油质符合使用要求，表面清洁。

5）液压站电动机、柱塞泵运转正常、无杂音。

2.2.6　液压猫头

1）固定牢靠。

2）钢丝绳无断丝，连接牢靠。

3）液压缸密封好，管线连接紧密。

4）活塞杆伸缩无阻卡，伸缩自如。

5）液压猫头换向阀固定牢靠、灵活好用、无渗漏。

2.2.7　气动（液压）绞车

1）油量、油质符合使用要求，运转正常。

2）固定牢靠，护罩齐全完好，刹车可靠。

3）钢丝绳排列整齐，无断丝。

4）吊钩与钢丝绳连接牢固，钩口安全装置齐全有效。

2.2.8　司钻操作箱及电控箱

1）操作箱及气控元件固定牢靠，工作正常。

2）各压力表齐全、准确、完好，固定牢靠。

3）气管线连接紧密、不漏气。

4）刹把高低位置合适，灵活好用，盘刹油压正常。

5）电控箱各转换开关灵活好用，仪表灵敏、准确，各指示灯完好，箱内气压足够，电源线路走向符合规定要求，绝缘良好。

2.2.9 气路

1）各气控元件（开关、继气器、导气龙头、快放阀等）工作正常、固定牢靠。

2）气管线，接头连接正确，不漏气。

3）防碰天车过卷阀、重锤阀灵活可靠，气路畅通。

4）刹车气缸固定可靠，不窜气，进排气正常。

5）各离合器气囊完好，不漏气。

6）冬季施工时应做防冻检查。

2.2.10 绞车及动力机组

1）主刹车：

（1）带式刹车：

①刹车系统连接固定、可靠，润滑好，灵活好用。

②平衡梁调节平衡，左右间隙相等，刹带吊钩、托轮调节符合规定标准。

③刹带调节螺丝灵活、好用，背帽齐全，刹带片与钢毂的磨损量不超过规定要求。

（2）盘式刹车：

①液压站电动机、柱塞泵运转正常，无杂音。

②液压油量合适，最高工作油温不大于60℃，最高工作压力为8MPa，滤清器指示正常。

③液压管线完好无损，连接紧密，无渗漏。

④刹把灵活好用，操作方便，固定牢靠。

⑤工作钳安全可靠，刹车盘与刹车块的间隙符合使用要求，刹车块磨损剩余厚度不小于12mm。

⑥安全钳固定可靠，刹车盘与刹车块的间隙不大于1mm，刹车块磨损剩余厚度不小于12mm。

2）活绳头固定符合要求，钢丝绳排列整齐，断丝不超过规定要求。

3）滚筒冷却水进出畅通，不漏水。

4）各支承轴承润滑良好，黄油嘴齐全。

5）各固定螺栓齐全牢靠，护罩齐全完好。

6）链条松紧合适、剪切销齐全完好。

7）各离合器固定牢靠，摩擦片完好，磨损量不超过规定值，支承轴承润滑好。

8）动力机组固定牢靠。

9）A，B电动机冷却风机运转正常，联轴器螺栓固定牢靠，且两轴同心，输入轴轴承运转及温度正常，润滑好，无杂音。

10）机油泵工作正常，滤清器清洁，喷嘴不堵塞，方向正确，油管线畅通，连接紧密，油压正常（0.2～0.5MPa）。

11）绞车惯性刹车离合器固定牢靠，摩擦片完好，磨损量不超过规定值，支承轴承润滑良好。

2.2.11　电磁刹车

1）各固定螺栓齐全牢固。

2）滑键离合器灵活好用，轴承润滑良好，黄油嘴齐全。

3）鼓风机运转正常（水冷式：冷却进水温度不超过70℃）。

2.2.12　冷却水罐

1）冷却水（软化淡水）水量充足，清洁无杂物。

2）水泵运转正常，润滑好，密封圈密封好，连接管线不漏水。

2.2.13　钻井泵及电动机

1）皮带轮固定牢靠，皮带齐全，不打扭，松紧合适，护罩固定牢靠。

2）运转无杂音，齿轮油量充足、不变质。

3）十字头滑板上油好，十字头销子紧固。

4）各轴承润滑好，油道畅通。

5）各固定部分螺栓齐全牢靠，不漏油及钻井液，运转正常。

6）液力端上水，排水正常。

7）喷淋泵工作正常，不漏水，皮带齐全，护罩固定牢靠。

8）空气包工作压力正常，固定螺栓齐全牢靠。

9）安全阀销子定位正确，润滑良好，安全可靠，泄压管排出方向正确，固定可靠。

10）机油泵工作正常，滤清器清洁，喷嘴不堵塞，方向正确，油管线畅通，连接紧密，油压正常（0. 2～0. 5MPa）。

11）A，B 电动机及冷却风机固定牢靠，运转正常，无杂音，皮带轮固定牢靠，传动皮带齐全，松紧合适，护罩齐全牢靠。

2. 2. 14 振动筛

1）电动机固定及运转正常，不发烧，电线无破损。

2）筛架振动正常，螺栓紧固，筛布完整，偏心轴固定及润滑好，皮带松紧合适。

2. 2. 15 材料房

1）检查各种配件备用数量，及时提供材料计划。

2）氧气、乙炔库存量满足施工要求，氧气瓶、乙炔气瓶隔离存放。

2. 2. 16 机械修理房

1）电焊机工作正常，护罩齐全，接地完好，不漏电，焊钳完好，搭铁与焊钳线长度相等，焊线不裸露。

2）气割用具完好，不漏气，安全可靠。

3）掌握配件修理、备用情况（随时做好更换易损件的准备）。

4）工具柜各种工具齐全完好，摆放整齐。

5）房内摆放合理整齐，卫生清洁。

6）空气包充气泵运转正常，护罩齐全完好，各压力表、阀门、安全阀齐全可靠。

2.2.17 值班房

1）班前会：协助值班干部下达生产任务，安排设备修换、保养内容。

2）班后会：对所安排的设备修换、保养工作完成情况进行讲评。

3 司钻巡回检查路线及内容

3.1 检查路线

值班房→电磁刹车及动力机组→大绳→滚筒高、低速离合器→刹车系统→防碰天车→司钻井控操作台→死绳固定器→立压表→参数仪→司钻操作箱及电控箱→值班房

3.2 检查了解内容

3.2.1 值班房

1）查看工程地质设计，了解地层岩性、确定措施。

2）工程、钻井液班报表、交接班记录、井控记录、坐岗记录、钻具记录、设备运转、保养记录等资料齐全，填写准确、清洁、及时，无漏填内容。

3.2.2 电磁刹车及动力机组

1）各固定螺栓固定牢靠，转子轴与滚筒轴同心。

2）运转正常，滑键摘挂灵活。

3）冷却、润滑良好。

4）动力机组固定牢靠。

5）A，B电动机及冷却风机运转正常，输入轴轴承运转及温度正常，润滑好，无杂音。

6）绞车惯性刹车离合器固定牢靠，摩擦片完好，磨损量不超过规定值，支承轴承润滑好。

3.2.3 大绳

1）活绳头紧固牢靠，余量长度不小于20cm 。

2）钢丝绳一扭断丝不超过3丝。

3）大绳排列整齐，不打扭。

3.2.4 滚筒高、低速离合器

1）各固定螺栓齐全、紧固。

2）导气（水）龙头及管线不漏气（水）。

3）气囊、钢毂完好无油污。

4）摩擦片无偏磨及损坏、缺失。

3.2.5 刹车系统（带刹或液压盘刹）

1）带式刹车：

（1）刹带调节螺栓好用、不滑扣、背帽及刹带调节扳手齐全。

（2）刹车曲轴套无松动，润滑良好、灵活，曲轴下无杂物和油污。

（3）刹带片使用铜螺栓固定，磨损均匀，剩余厚度不小于15mm，刹带吊钩、托轮调节符合规定要求。

（4）刹把活动自如，刹把与钻台面夹角为45°左右。

2）盘式刹车：

（1）液压站电动机、柱塞泵运转正常，无杂音。

（2）液压油量合适，最高工作油温不大于60℃，最高工作压力为8MPa，滤清器指示正常。

（3）液压管线完好无损，连接紧密，无渗漏。

（4）刹把灵活好用，操作方便，固定牢靠。

（5）工作钳安全可靠，刹车盘与刹车块的间隙符合使用要求，刹车块磨损剩余厚度不小于12mm。

（6）安全钳固定可靠，刹车盘与刹车块的间隙不大于1mm，刹车块磨损剩余厚度不小于12mm。

3）刹车气缸螺栓、销子齐全紧固，进气、放气良好，不漏气，刹车可靠。

4）滚筒冷却供水畅通，水质清洁，管线不漏水（注意：防止高温激化）。

3.2.6　防碰天车

1）过卷式及重锤式：

（1）过卷阀、重锤灵活好用、气路畅通，过卷阀长度调节合适。

（2）开口销符合使用要求，保险可靠。

（3）防碰天车绳松紧合适、无打扭及缠挂井架现象。

2）电子数码式：

（1）电子数码防碰装置及传感器、电磁阀完好、正常。

（2）报警提示及刹车设定正确。

3.2.7　司钻井控操作台

1）仪表齐全、完好。

2）气源压力符合使用要求。

3）气控阀手柄齐全、复位良好。

4）无障碍物，操作方便。

3.2.8　死绳固定器

1）各固定螺栓齐全、紧固、无余扣，背帽齐全。

2）钢丝绳排列整齐，按固定围槽排满，挡绳杆齐全。

3）压力传感器、传压管线连接牢固、无渗漏。

4）止回阀、手压泵灵活、好用。

3.2.9　立压表

1）防震压力表量程符合要求，表盘清洁，指示灵敏准确。

2）冬季采取防冻措施。

3.2.10　参数仪

1）参数仪表齐全、完好、灵敏、准确、清洁。

2）传压器及信号线连接牢固、绝缘、无渗漏。

3）指重表、灵敏表与记录仪读数一致。

4）参数仪安装可靠、防水、防震。

3.2.11 司钻操作箱及电控箱

1）气开关灵活好用、固定牢靠，仪表齐全、灵敏、准确、清洁。

2）气管线连接牢固不漏气。

3）总气压力符合要求。

4）电控箱各转换开关灵活好用，仪表灵敏、准确，各指示灯完好，箱内气压足够，电源线路走向符合要求，绝缘良好。

3.2.12 值班房

1）主持召开班前会，接受生产任务书，填写接班记录。

2）汇总各岗检查中发现的未整改问题或隐患，并及时反映给值班干部协调解决。

3）安排本班生产内容，操作细节，提出安全要求等。

4）下班后主持召开班后会，对班组生产情况进行总结。

4 副司钻巡回检查路线及内容

4.1 检查路线

值班房→循环罐→储备罐→钻井泵→工具箱→高压管汇→节流管汇→液气分离器→防喷器→压井管汇→远程控制台→单点测斜房→值班房

4.2 检查了解内容

4.2.1 值班房

1）查看工程班报表，了解施工情况。

2）查看井控记录、钻井泵运转、保养记录的填写是否准确、及时。

3）了解井深、地层状况及其对钻井液性能的要求。

4.2.2 循环罐

1）钻井液液面高度正常。

2）闸门开关情况。

4.2.3 储备罐

钻井液（或清水）储备符合施工设计要求。

4.2.4 钻井泵

1）润滑良好，油量、油质符合要求（按标准用油）。

2）各连接螺栓齐全、紧固、不松、不刺、不漏。

3）缸套、活塞润滑及冷却良好，拉杆箱内清洁无杂物。

4）运转无杂音。

5）上水管线用卡箍紧固，封闭良好，不漏气。

6）缸套—活塞总成、阀体总成工作正常，不刺漏。

7）安全销定位符合规定。

8）泵压表清洁、灵敏、读数准确、方向正确。

9）空气包充气（氮气或空气）压力为施工泵压的30%。

10）喷淋泵运转正常，皮带齐全、松紧合适、护罩齐全牢固，不漏水，冷却水箱水质清洁，满足润滑冷却要求。

11）泄压管固定牢靠，直径不小于73mm，不变径，用直径12.7mm钢丝绳作为保险绳。

12）泵底座与基础之间无悬空，基础水平，场地平整，无积水。

13）皮带轮固定牢靠，传动皮带齐全、松紧合适，护罩固定牢靠。

14）机油泵工作正常，滤清器清洁，喷嘴不堵塞，方向正确，油管线畅通，连接紧密，油压正常（0.2～0.5MPa）。

15）A，B电动机及冷却风机固定牢靠，运转正常无杂音，检修开关是否灵活好用；皮带轮固定牢靠，传动皮带齐全，松紧合适，护罩齐全牢靠。

4.2.5 工具箱

1）阀座取出器、管钳、撬杠、榔头、拉缸器等工具齐全、完好、清洁。

2）备有适量的易损件。

4.2.6 高压管汇

1）闸门开关位置正确，防止憋泵。

2）法兰、活接头连接紧密，无刺漏，固定牢靠；高压软管缠绕直径12.7mm钢丝保险绳，两头栓系牢固。

4.2.7 节流管汇

1）闸门齐全、完好、开关灵活、管汇固定牢靠。

2）套压表灵敏完好，清洁，方向正确。

4.2.8 液气分离器

1）管线连接固定牢靠。

2）工作时罐中压力保持0.7MPa，压力表灵敏、准确。

3）闸门转动灵活。

4.2.9 防喷器

1）螺栓齐全、紧固、清洁、无刺漏。

2）防喷器四通两翼闸门齐全、完好、灵活，开关状态、位置正确。

3）防喷器控制管线活接头连接紧密。

4.2.10 压井管汇

1）闸门齐全、完好，开关灵活，管汇安装符合要求。

2）压力表符合要求，单流阀完好。

3）回收管线、液气分离器连接活接头紧固。

4.2.11 远程控制台

1）液压管线连接完好，活接头连接紧密，无刺漏。

2）压力表显示符合要求（供油压力：储能器17.5～21MPa，管汇压力表10.5MPa，环型防喷器10.5MPa，闸板防喷器10.5MPa）。

3）打压后油量高于下部油标上限。

4）电源开关处于接通状态，电控箱旋钮在自动位。

5）电、气打压泵运转正常。

4.2.12 单点测斜房

1）钢丝绳排列整齐，无死折。

2）计数器准确。

3）控速器灵敏、刹车可靠，滚筒保养良好。

4）电动机运转正常，接地良好。

4.2.13 值班房

1）班前会：

（1）及时向司钻反映巡回检查中发现的未整改问题。

（2）协助司钻安排好本班生产任务分工。

（3）明确本班本岗位设备保养、修换内容。

2）班后会：认真总结本班本岗位工作情况。

5 井架工巡回检查路线及内容

5.1 检查路线

值班房→场地→井架及底座→节流阀控制箱→转盘→提升系统→值班房

5.2 检查了解内容

5.2.1 值班房

1）查阅工程班报表，了解井深及施工情况。

2）查看天车、游车、大钩、水龙头、转盘等设备运转、保养记录的填写是否及时、准确，有无错漏。

5.2.2 场地

1）取心工具的检查与维护。

2）大绳抽倒装置配置完整（电动式：电动机接地良好），清洁卫生。

3）钻台下各种固定销、剪切销、别针齐全牢固、方向正确，封井器和井口、井架底座清洁卫生，拉筋或顶杠无变形。

5.2.3 井架及底座

1）井架主体、底座、井架梯子、操作台、套管扶正台、立管平台、二层台、天车台梯子栏杆连接销子、剪切销、别针齐全。

2）B型钳、液气大钳、气动（液压）绞车滑轮悬挂牢靠，钢丝绳无断丝，不打结。

3）稳绳器固定牢靠，并系好保险绳。

4）立管用卡箍、U型卡（或压板）与井架卡牢、紧固，U型卡数量充足。

5）保险带两副，完好、绑牢。

6）操作台固定牢固、兜绳、工具齐全完好，二层台工具必须固定牢靠。

7）二层台立柱排放架、钻铤卡板不变形，固定牢靠。

8）二层台气动小绞车固定牢靠，护罩齐全完好，钢丝绳（直径7.5mm）不打结、无锈蚀、无断丝、保养润滑良好、刹车可靠。

9）天车固定牢靠、挡绳杆齐全、润滑良好。

10）二层台逃生装置安全可靠，逃生钢丝绳（直径12.7mm）两端拴挂牢固，中间无打结，下端有缓冲砂坑。

11）登梯助力器固定连接，安全可靠。

12）天车台上起重架固定牢靠。

5.2.4 节流阀控制箱

1）仪表齐全、灵敏、准确、清洁（气泵压力表0.6～1.0MPa），油压表1.4～2.0MPa。

2）阀位开启度为零位，立压表、套压表显示符合工况，换向阀手柄位置正确。

5.2.5 转盘

1）油品、油量、油质符合使用要求，润滑良好。

2）固定螺栓齐全牢靠。

3）运转正常。

5.2.6　提升系统

1）游车护罩固定牢固，滑轮润滑良好，黄油嘴齐全。

2）大钩钩口开关灵活，保险销可靠，润滑良好，黄油嘴（部位分布：安全销体、销轴、掣子销轴、顶杠、摩擦定位盘）齐全。

3）水龙头各个固定螺栓齐全、紧固，黄油嘴齐全（润滑部位：提环销轴、密封装置、弹簧密封圈），加油孔清洁，放气孔畅通，润滑油量、油质符合要求，润滑良好，不漏油、不漏钻井液。

4）水龙头与水龙带连接紧固，不刺漏钻井液。

5）水龙带用直径 12.7mm 钢丝绳，每 0.8～1m 绕一结作为保险绳，一端固定在鹅颈管上，一端固定在高压立管顶端。

6）气动马达气管线固定牢靠，保险绳用 9.5mm 钢丝绳拴牢，旋转短节防扭绳固定牢靠。

7）吊环完好，保险绳可靠。

5.2.7　值班房

1）班前会：

（1）及时向司钻反映巡回检查中发现的未整改问题。

（2）接受司钻的任务分工，明确本班本岗位操作的安全要求和设备保养内容。

（3）进行班前安全讲话。

2）班后会：

（1）参加班后会，总结本班本岗位工作任务执行及完成情况。

（2）进行班后安全讲评。

6　内钳工巡回检查路线及内容

6.1　检查路线

值班房→冷却水罐和循环水泵→电磁刹车→绞车及动力机组

（盘刹液压站）—→排绳器→立管压力表、参数仪→内钳→液气大钳→值班房

6.2 检查了解内容

6.2.1 值班房

1）查阅工程班报表，了解施工进度。

2）查看电磁刹车、绞车等设备运转、保养记录的填写是否及时、准确，有无错漏。

6.2.2 冷却水罐和循环水泵

1）水罐内水质、水量符合使用要求。

2）循环冷却水泵及电动机固定牢靠，运转正常。

3）循环水管线无泄漏。

4）冬季防冻。

6.2.3 电磁刹车

1）固定牢靠、转子轴与滚筒轴同心，控制柜固定牢靠，清洁。

2）鼓风机运转正常（水冷，供排水正常）。

3）滑键离合器灵活好用。

4）润滑状况符合要求。

6.2.4 绞车及动力机组（盘刹液压站）

1）绞车及其护罩固定牢靠，钢丝绳排列整齐，钢丝绳——扭矩断丝不超过 3 丝。

2）绞车所有轴承、链条、链轮、换挡离合器、刹车机构、水气葫芦、快绳挡辊传动、万向轴润滑良好。

3）链条连接销、剪切销完好。

4）绞车运转正常，无异响，各轴承温度不超过 90°。

5）各离合器继气器进、排气正常，冬季采取防冻措施。

6）绞车清洁卫生。

7）动力机组固定牢靠。

8）A，B电动机及冷却风机运转正常，输入轴轴承运转及温度正常，润滑好，无杂音。

9）油池润滑油量、油质符合使用要求，机油泵运转正常，油压符合要求，油管线无泄漏，滤清器清洁。

10）绞车惯性刹车离合器固定牢靠，摩擦片完好，磨损量不超过规定值，支承轴承润滑良好。

11）盘刹液压站：

（1）液压站清洁卫生，电动机、柱塞泵运转正常，无杂音。

（2）液压油量合适，最高工作油温不大于60℃，最高工作压力为8MPa，滤清器指示正常。

（3）液压管线完好无损，连接紧密，无渗漏。

6.2.5 排绳器

1）钢丝绳绳卡固定符合要求。

2）滑轮固定连接牢靠，润滑良好。

3）排绳器滚子转动灵活，滚轮间距满足工作需要。

6.2.6 立管压力表、参数仪

1）立管压力表齐全完好，指示灵敏、准确，表盘清洁。

2）参数仪清洁卫生。

6.2.7 内钳

1）钳柄不允许有裂纹。

2）各部位配合要用专用销连接，绝不允许使用代用销。

3）连接部位机油润滑灵活，无阻卡现象。

4）钳牙要装整齐，无松动现象，挡销齐全，钳牙上无油泥，磨损量不影响使用要求。

5）钳体水平，上下移动灵活，与吊绳连接牢靠。

6）钳柄尾部固定牢靠，钳尾销的保险销使用磁性销子，下面装别针。

7）钳尾绳使用直径19mm或22mm钢丝绳，无断丝，两端各用三个绳卡卡紧，卡距符合要求。

6.2.8 液气大钳

1）吊绳及尾座固定牢靠（吊绳使用直径 19mm 钢丝绳，大钳高低位调节使用 30kN 的手拉葫芦，水平度满足井口作业要求）。

2）钳头颚板、堵头尺寸与钻具尺寸相符。

3）钳牙齐全完好、固定牢靠，钳头进退活动灵活、转动无阻卡，刹带调节合适。

4）移送气缸、夹紧气缸伸缩、活动自由，不漏气。

5）大钳安全门框齐全、可靠、灵活好用。

6）手动液压换向阀、溢流阀、管线连接处紧密、无渗漏。

7）气控元件固定完好，连接紧密、无漏气，快放阀灵活好用。

8）液压站油量、油温、油质、油压符合使用要求，表面清洁。

9）液压站电动机、柱塞泵运转正常、无杂音，电动机接地良好。

6.2.9 值班房

1）班前会：

（1）及时向司钻反映巡回检查中发现的未整改问题。

（2）接受司钻的任务分工，明确本班本岗位操作的安全要求和设备保养内容。

2）班后会：总结本班本岗位工作任务执行及完成情况。

7 外钳工巡回检查路线及内容

7.1 检查路线

值班房→大门坡道及钻台梯子、栏杆→猫头绞车→转盘驱动箱→井口工具→气动（液压）绞车→外钳→钻台偏房→油料→液压升降机→值班房

7.2　检查了解内容

7.2.1　值班房

1）查阅工程班报表，了解施工进度。

2）查看猫头绞车、转盘传动装置等设备运转、保养记录的填写是否及时、准确，有无错漏。

7.2.2　大门坡道及钻台梯子、栏杆

1）钻台梯子及扶手齐全，固定牢靠，踏板齐全完好，梯子用直径 12.7mm 钢丝绳栓牢。

2）钻台大门坡道、安全滑梯固定牢靠，并用直径 12.7mm 钢丝绳拴牢。

3）钻台栏杆固定牢靠、踢脚板齐全完好。

4）钻台上各梯子及坡道口处防护链齐全。

7.2.3　猫头绞车

1）固定牢靠、清洁、护罩齐全。

2）黄油嘴齐全、润滑良好，油量充足、不变质。

3）链条齐全，万向轴连接固定牢靠。

4）猫头平滑无槽，滚杠固定牢靠、转动灵活，挡板齐全。

5）使用液压猫头时钢丝绳完好，液压缸固定牢靠，灵活好用，不滴、漏油。

7.2.4　转盘驱动箱

1）固定牢靠、清洁。

2）链条松紧合适，剪切销齐全，运转无杂音。

3）传动装置油池油量、油质符合使用要求，万向轴黄油嘴齐全，润滑良好。

4）运转时各轴承温度合适，无异常高温。

7.2.5　井口工具

1）卡瓦整体完好，灵活好用，不打滑、不松动。

2）安全卡瓦卡瓦牙弹簧固定好并灵活好用，各轴节灵活，

并加黄油或机油润滑；卡瓦的节数与被卡钻具的直径相符；螺丝杆和螺母符合使用标准；销子与本体用保险链连接牢靠。

3）吊卡舌头、活门、保险销灵活可靠，润滑良好（平台阶吊卡，台阶磨损大于 3mm 必须更换），保险销必须使用磁性销子。

4）钻头盒把手、盖板结实、无裂缝；防喷盒把手、盒体完好，开关灵活。

5）提升短节、配合接头摆放整齐，维护良好。

6）上、下旋塞、回压阀灵活好用，保养良好。

7.2.6　气动（液压）绞车

1）固定牢靠、平稳、护罩齐全、清洁。

2）起重用直径 15.9mm 钢丝绳，不打结、无锈蚀、无断丝。

3）刹车可靠。

4）润滑良好，油杯油量充足，油质合格，黄油嘴齐全。

5）吊钩与钢丝绳连接牢固，钩口安全装置齐全有效。

7.2.7　外钳

1）钳柄不允许有裂纹。

2）各部位配合要用专用销连接，绝不允许使用代用销。

3）连接部位机油润滑灵活，无阻卡现象。

4）钳牙要装整齐，无松动现象，挡销齐全，钳牙上无油泥，磨损量不影响使用要求。

5）钳体水平，上下移动灵活。

6）钳柄尾部固定牢靠，钳尾销的保险销使用磁性销子，下面装别针。

7）钳尾绳使用直径 19mm 或 22mm 钢丝绳，无断丝，两端各用三个绳卡卡紧，卡距符合要求。

7.2.8　钻台偏房

1）钻杆钩子、刮泥器清洁完好。

2）手工具清洁、摆放整齐、齐全无损坏。

3）黄油枪完好、使用灵活。

4）管钳及链钳完好。

5）钻台、钻台偏房清洁卫生。

7.2.9　油料

1）螺纹脂数量、质量满足要求，无泥砂，无硬块。

2）黄油、机油数量充足，质量合格。

7.2.10　液压升降机

液压升降机完好，灵活好用。

7.2.11　值班房

1）班前会：

（1）及时向司钻反映巡回检查中发现的未整改问题。

（2）接受司钻的任务分工，明确本班本岗位操作的安全要求和设备保养内容。

2）班后会：总结本班本岗位工作任务执行及完成情况。

8　场地工巡回检查路线及内容

8.1　检查路线

值班房→钻具→井场→工具→振动筛→高架槽→爬犁→消防房→值班房

8.2　检查了解内容

8.2.1　值班房

1）查阅工程班报表、钻具记录，了解施工进度。

2）查看振动筛等设备运转、保养记录的填写是否及时、准确，有无错漏。

3）值班房清洁、卫生。

8.2.2　钻具

1）钻具以内螺纹一端为基准按入井顺序排列编号，摆放整齐、数量准确。

2）螺纹清洗干净、涂好螺纹脂，水眼畅通，无杂物。

3）检查钻具有无损坏，好坏钻具标识明显并分开摆放。

4）钻具上、下钻台带好护丝。

8.2.3　井场

井场平整、卫生、无杂物。

8.2.4　工具

工具齐全、完好、清洁（钻杆护丝、提丝、锹、镐、扫把、绳套、撬杠等）。

8.2.5　振动筛

1）各部位螺栓紧固、齐全，黄油嘴齐全，润滑良好。

2）筛布完整，固定牢靠，筛布上及振动筛附近无积砂。

3）检查钻井液返出及振动筛返砂情况。

4）电动机接线防爆，运转正常，护罩齐全，固定牢靠，接地线接地良好。

5）若停用时，筛布用水清洗干净。

8.2.6　高架槽

高架槽固定牢靠，不漏钻井液，槽内无积砂。

8.2.7　爬犁

物品摆放整齐。

8.2.8　消防房

1）消防器材种类、数量齐全，做到“三定一挂”管理。

2）灭火器、消防钩、消防锹、消防斧、消防筒、消防水龙带齐全，工况良好，消防砂按规定配备。

8.2.9　值班房

1）班前会：及时向司钻反映巡回检查中发现的未整改问题，接受司钻的任务分工，明确本班本岗位操作的安全要求和设备保养内容。

2）班后会：总结本班本岗位工作任务执行及完成情况。

9　钻井液技术员（大班）巡回检查路线及内容

9.1　检查路线

值班房（或地质房）→钻井液化验室→搅拌机和剪切泵→钻井液净化设备→循环罐→清水罐→液面报警器→加重设备→钻井液材料→值班房

9.2　检查了解内容

9.2.1　值班房（或地质房）

查阅工程班报表等资料，了解井深、地层和工程技术措施。

9.2.2　钻井液化验室

1）检查、校准各测量仪器，准确测量钻井液性能。

2）审查钻井液班报表和净化设备运转、保养记录的填写是否符合要求并做签认。

3）明确钻井液性能要求，制定处理措施。

9.2.3　搅拌机和剪切泵

搅拌机和剪切泵运转正常，润滑保养良好，剪切泵管线无刺漏、堵塞。

9.2.4　钻井液净化设备

1）振动筛运转正常，筛布完整、固定牢固。

2）除砂清洁器、除泥清洁器运转正常、完好。

3）离心机：

（1）供液泵及防爆电动机运转正常，供钻井液管线、供水管线、出液口不跑钻井液、清水，各阀门完好。

（2）启用离心机前要盘转滚筒是否转动灵活。

（3）运转平稳正常，各支承轴承温度适宜润滑良好，黄油嘴齐全。

（3）停用离心机后要彻底清洗滚筒。

（4）检查出砂口砂子状态，及时调整负荷。

9.2.5　循环罐

1）各循环罐搅拌器运转、润滑良好。

2）各循环罐间连接管线连接紧密无刺漏。

3）各罐体不倾斜，栏杆、上罐梯子固定牢固，不变形。

4）储备罐钻井液储备量及性能符合设计施工要求。

9.2.6 清水罐

清水罐（高架水罐）、固井水罐清水储量及水质符合设计、施工要求。

9.2.7 液面报警器

1）固定牢靠，定位正确，灵活好用。

2）气路（电路）畅通，上、下气开关（液面感应器）及喇叭（蜂鸣器）灵活好用。

9.2.8 加重设备

电动机、加重漏斗完好、灵活好用，无跑冒钻井液现象。

9.2.9 钻井液材料

1）钻井液材料的品种、性能和数量满足施工要求。

2）钻井液材料摆放整齐，库外存放应下垫上盖。

3）储备油气保护材料，钻开油气层，按设计及甲方要求实施油气层保护措施。

9.2.10 值班房

1）班前会：反映巡回检查中发现的未整改问题，交待本班钻井液处理的技术措施，安排本班净化设备的维护、保养内容。

2）班后会：对钻井液处理及净化设备的维护、保养情况进行总结。

10 钻井液工巡回检查路线及内容

10.1 检查路线

值班房→钻井液化验室→搅拌机和剪切泵→钻井液净化设备→循环罐、药品罐、储备罐→液面报警器→加重设备→钻井液材料→值班房

10.2　检查了解内容

10.2.1　值班房

1）查阅工程班报表等资料，了解施工进度。

2）查看坐岗记录、净化设备运转、保养记录的填写是否符合要求。

10.2.2　钻井液化验室

1）查看钻井液班报表，了解钻井液性能。

2）各种测量仪器完好、齐全、准确，工具齐全、清洁。

3）各种测量仪器、工具清洁。

10.2.3　搅拌机和剪切泵

1）搅拌机护罩皮带齐全，接地良好，卫生清洁。

2）润滑点润滑良好，油量充足，油质合格。

3）电动机运转正常。

10.2.4　钻井液净化设备（除气器、除砂清洁器、除泥清洁器、离心机）

1）除气器：

（1）固定可靠，护罩齐全完好。

（2）润滑保养良好，运转正常。

（3）进、排液管线畅通、防堵。

（4）旋转方向正确，严禁逆转。

（5）使用完毕，应用清水冲洗。

2）除砂清洁器：

（1）固定牢固、管线连接与密封良好。

（2）压力表量程符合要求。

（3）砂泵固定，油量、密封圈、传动部分符合要求，接地良好。

（4）靠背轮护罩齐全紧固。

（5）小振动筛运转正常，筛布完整、固定牢固，停用后清洗干净，护罩齐全，皮带松紧合适。

（6）使用时根据钻井液含砂量调节出砂口的大小。

（7）卫生清洁，标识清晰。

3）除泥清洁器：

（1）固定牢固，管线连接与密封良好。

（2）压力表量程符合要求。

（3）除泥泵固定牢固，油量、密封圈、传动部分符合使用要求。

（4）靠背轮护罩齐全、紧固。

（5）小振动筛运转正常，筛布完整，固定牢固，停用后清洗干净。

（6）使用时根据钻井液的性能调节出泥口大小。

（7）卫生清洁，标识清晰。

4）离心机：

（1）固定牢靠。

（2）护罩齐全，皮带松紧合适。

（3）接地良好，电源线不裸露。

（4）HSE 标识清晰（防机械伤手，防触电等）。

（5）供液泵及防爆电动机运转正常，供钻井液管线、供水管线、出液口不跑钻井液、清水，各阀门完好。

（6）启用离心机前要盘转滚筒，检查是否转动良好，按要求启动，运转时检查各支承轴承温度，根据出砂状况及时调整进液量。

（7）停用离心机后要彻底清洗滚筒。

5）冬季施工时，净化设备必须采取防冻措施。

10.2.5 循环罐、药品罐、储备罐

1）循环罐：

（1）罐面清洁、无杂物。

（2）走道、梯子、栏杆齐全、完好，固定可靠，走道、梯子系保险绳。

（3）钻井液搅拌器运转正常，接地良好，HSE标识清晰。

（4）罐间连接处不滴、漏钻井液。

2）药品罐：

（1）罐体清洁，摆放位置合适。

（2）罐体及管线连接处无滴漏。

3）储备罐：

（1）罐体不倾斜。

（2）上罐梯子及扶手栏杆固定牢固、不变形，系保险绳。

（3）钻井液储备量及性能符合设计、施工需要。

（4）清水罐（高架水罐）、固井水罐清水储量及水质符合设计、施工要求。

10.2.6 液面报警器

1）自浮式液面报警器固定牢靠、标尺清晰、定位正确、气路畅通，气开关和喇叭正常。

2）感应式液面报警器固定牢靠、定位正确、反应灵敏、电路供电可靠，蜂鸣器灵活好用。

10.2.7 加重设备

1）电动机固定牢靠，运转正常，靠背轮护罩完好，固定牢靠，接地良好。

2）加重泵运转正常，密封圈密封良好、无刺漏。

3）加重漏斗维护良好。

10.2.8 钻井液材料

1）分类摆放整齐。

2）库外材料应下垫上盖。

3）品种、数量、性能符合设计。

10.2.9 值班房

1）班前会：及时向司钻反映巡回检查中发现的未整改问题，接受司钻的任务分工和钻井液技术员或大班的技术措施安排，明确本岗位设备保养内容和操作的安全要求。

2）班后会：认真做工作总结。

11　机电大班巡回检查路线及内容

11.1　检查路线

值班房→油罐区→发电机房→SCR，MCC 房→循环罐电器线路→钻台、井架电器线路→井控房电器线路及井场照明→生活区电器线路→机电修理房→值班房

11.2　检查了解内容

11.2.1　值班房

查阅工程班报表等资料，了解施工工况。

11.2.2　油罐区

1）柴油、机油、液压油储量充足，满足生产需要。

2）管线、阀门不渗不漏。

3）滤清器完好，保养或更换及时。

4）输油泵及其控制开关防爆，工作正常，接地良好。

5）冬季用油应符合防冻要求。

6）灭火器做到“三定一挂”管理。

11.2.3　发电机房

1）发电房设备运转、保养记录：

（1）检查发电房设备运转、保养记录的填写是否认真、准确、及时、全面、整洁，并做签认或整改。

（2）认真做好机油斑点化验和化验记录填写。

2）柴油机：

（1）固定良好、无松动，运转正常。

（2）油池油量、油质符合用油要求，各密封处不漏油。

（3）冷却水水量、水质符合用水要求，散热器及各管线不渗

不漏。

（4）机油压力表、燃油压力表、机油滤清器压差表、燃油滤清器压差表及空气滤清器压差表齐全、灵敏、准确，指示正常。

（5）柴油滤清器、机油滤清器、空气滤清器保养或更换符合要求。

（6）风扇头及风扇传动固定，润滑好，皮带松紧合适。

（7）运转时声音、排温、排烟正常，增压器运转正常。

（8）气动或电动马达固定牢固，气管线或电缆连接符合要求并检查蓄电池电压、电解液。

3）发电机：

（1）发电机各接线柱牢固，发电正常。

（2）发电机轴承润滑良好，黄油嘴齐全。

（3）接地线符合要求。

4）螺杆式空气压缩机：

（1）各螺栓紧固，运转时打气正常，仪表灵敏、准确，指示正常。

（2）油气桶内油量、油质符合要求，各管线不漏油、不漏气。

（3）运转无异常响声及振动，传动皮带松紧合适。

（4）止回阀、安全阀、排污阀灵活好用。

（5）安全保护系统及报警装置灵活好用。

（6）压风机清洁卫生，房内通风良好，环境温度不超过40℃。

（7）干燥机运转正常，排污阀灵活好用、按使用要求定时排污、清洁。

（8）储气瓶规格符合配套要求，压力表、安全阀、排污阀齐全、灵敏可靠。

（9）房内配电箱接线符合标准。

5）手工具齐全、清洁、摆放整齐。

6）发电房清洁，接地保护良好。

7）消防器材做到“三定一挂”管理。

11.2.4 SCR，MCC 房

1）房内干燥、清洁卫生，手工具齐全，摆放整齐。

2）各照明设施齐全、防爆。

3）房内温度合适，SCR 柜风机运转正常并检查空气过滤器。

4）检查 SCR 柜（包括司钻台）各指示灯指示情况：

（1）各发电机组相应的运行灯、发电机上线灯、SCR 桥运行灯、电动机风机灯指示正常（发亮）。

（2）运行时浪涌抑制信号灯发亮。

（3）三个接地检测灯应全部发暗橙色光，按下试验按钮检查，三个灯也应为橙黄色，且交流和直流百分比接地表读数应为零。

5）检查上线发电机的有功功率和无功功率分配是否均衡。

6）检查冷气机排水管是否畅通。

7）在直流控制组件的测试点检查 SCR 电流波形。

8）检查交流控制单元的保护电路功能是否正常。

9）检查柴油机超速和逆功率跳闸保护功能是否正常。

10）根据 SCR 系统的电压表和电流表，检查 A，B 电动机负荷是否分配均衡。

11）检查所有直流电动机电刷磨损情况。

12）MCC 柜检查：

（1）检查所有断路器的工作状态。

（2）检查所有仪表、指示灯指示是否正常。

（3）检查 MCC 内是否清洁，抽屉推拉是否灵活轻便。

（4）检查各接触器是否过热，接头是否烧损、腐蚀和生锈。

（5）检查所有插座、接线盒和开关是否有腐蚀和受潮现象。

（6）检查短路保护、过载保护、失压保护等是否工作正常。

13）检查变压器有无异常响声、振动和气味，检查有无局部过热变色及通风情况。

14）检查所有电缆是否有磨损、破裂及震动摩擦等。

15）消防器材符合使用、存放要求。

16）SCR，MCC 检查、保养记录填写及时、准确、规范，字迹整洁，填写无错漏。

17）防触电等 HSE 标识清晰。

11.2.5　循环罐电器线路

1）各防爆电动机运转正常，润滑良好。

2）防爆线路无老化、漏电现象，走向标准。

3）检查所有插座、接线盒和开关是否有腐蚀、受潮和漏电现象。

4）循环罐电动机接地良好（防爆电路按保护接零线路接线）。

5）打水泵电动机工作正常，接线符合规定要求，开关固定牢固，防漏电。

6）钻井泵电动机锁定开关齐全完好，功能可靠。

7）泵房照明设施齐全、完好。

11.2.6　钻台、井架电器线路

1）司钻电控箱、钻井泵电控箱各工况指配开关灵敏好用。

2）检查电控箱上发电机工况指示灯、SCR 工况指示灯指示是否正常。

3）检查功率限制表及指示灯状态。

4）井架及钻台上、下照明设施应齐全完好，满足夜间施工需要。

5）线路布置标准，电缆无破损漏电，防爆灯具完好。

6）电磁刹车、液压站电动机运转正常，接线防爆，线路无破损漏电。

11.2.7 井控房电器线路及井场照明

1）专线控制，进井控房处必须加绝缘管，电控箱固定牢固，灵活好用，室内照明设施完好，灯具防爆。

2）柱塞泵电动机运转正常，接线正确。

3）井场探照灯齐全完好，专线控制（禁止使用拉线开关），线路符合规定要求。

11.2.8 生活区电器线路

1）线路布局合理，三相均衡不超载，连接牢固，绝缘良好。

2）生活区总闸固定牢靠，防雨，进出线接线符合规定要求。

3）房屋接地与照明符合规定。

4）室内接线符合规定要求，无乱拉乱接，漏电保护开关齐全完好，动作灵敏、安全有效。

5）电暖器接线符合规定要求，固定牢靠，前方、上方敞开，无易燃物。

6）食堂操作间及库房电器设备护罩齐全，接线符合规定要求，漏电保护开关齐全完好，动作灵敏。

7）洗澡间加热装置接线符合规定要求，防漏电。

8）生活水罐打水泵电动机工作正常，接线符合规定要求，开关固定牢固，防漏电。

11.2.9 机电修理房

1）各种工具、仪器及备件摆放整齐、有序、清洁。

2）备件准备充足，挂牌存放，用料有记录。

11.2.10 值班房

1）班前会：反映巡回检查中发现的未整改问题，协助值班干部下达机房修换、保养、维护内容。

2）班后会：对机房工作情况进行评价、总结。

12　机电工巡回检查路线及内容

12.1　检查路线

值班房→油罐区→发电机房→SCR，MCC 房→电、气线路→其他→值班房

12.2　检查了解内容

12.2.1　值班房

查阅工程班报表等资料，了解施工状况。

12.2.2　油罐区

1）柴油、机油、液压油油质合格，储量满足施工要求。

2）罐口密封严，强制过滤器齐全完好，定期保养及更换。

3）油品消耗有定额、有计量，流量计完好，交班记录清楚。

4）各输油泵运转正常，接地良好。

5）罐区无泄漏，废油废水及时回收处理。

12.2.3　发电机房

1）柴油机：

（1）柴油机清洁，固定良好无松动，运转正常。

（2）曲轴箱油量、油质符合用油要求，各密封处不漏油。

（3）冷却水水量、水质符合用水要求，散热器及各管线不渗不漏。

（4）燃油管路固定牢靠，接头无松动或泄漏。

（5）机油压力表、燃油压力表、机油滤清器压差表、燃油滤清器压差表及空气滤清器压差表等齐全，灵敏、准确，指示正常。

（6）柴油滤清器、机油滤清器、空气滤清器保养或更换符合要求。

（7）风扇头及风扇传动固定，润滑好，皮带松紧合适。

（8）运转时声音、排温、排烟正常，增压器运转正常。

（9）气动或电动马达固定牢固，气管线或电缆连接符合

要求。

(10) 蓄电池电压、电解液符合要求，接线柱紧固，充电器(机) 正常。

2) 发电机：

(1) 发电机各接线柱牢固，运转正常。

(2) 发电机轴承润滑良好，黄油嘴齐全。

(3) 机组清洁，防潮。

(4) 接地线符合要求。

3) 螺杆式空气压缩机：

(1) 各螺栓紧固，运转正常，仪表灵敏、准确，指示正常。

(2) 油气桶内油量、油质符合要求，各管线不漏油、不漏气。

(3) 运转无异常响声及振动，传动皮带松紧合适。

(4) 压风机止回阀、安全阀、排污阀灵活好用。

(5) 安全保护系统及报警装置灵活好用，预设参数符合要求。

(6) 压风机清洁卫生，房内通风良好，环境温度不超过 40℃。

(7) 干燥机运转正常，排污阀灵活好用、按使用要求定时排污、清洁。

(8) 储气瓶规格符合配套要求，压力表、安全阀、排污阀齐全、灵敏可靠。

(9) 房内配电箱接线符合规定要求。

4) 手工具齐全，清洁，摆放整齐。

5) 发电房内清洁、照明设施齐全完好。

6) 发电房接地保护良好。

7) 消防器材做到“三定一挂”管理。

12.2.4　SCR，MCC 房

1）房内温度合适，SCR 柜风机运转正常并检查空气过滤器。

2）房内干燥、清洁卫生，手工具齐全，摆放整齐。

3）检查 SCR 柜（包括司钻台）各指示灯指示情况：

（1）各发电机组相应的运行灯、发电机上线灯、SCR 桥运行灯、电动机风机灯指示正常（发亮）。

（2）运行时浪涌抑制信号灯发亮。

（3）三个接地检测灯应全部发暗橙黄色光，按下试验按钮检查，三个灯也应为橙黄色，且交流和直流百分比接地表读数应为零。

（4）检查绞车能耗制动接触器的工作情况（起下钻时）。

（5）空转时检查发电机和电动机加热器工作情况，确保其工作正常。

（6）检查上线发电机的有功功率和无功功率分配是否均衡。

（7）检查冷气机排水管是否畅通。

（8）在直流控制组件的测试点检查 SCR 电流波形。

（9）检查交流控制单元的保护电路功能是否正常。

（10）检查柴油机超速和逆功率跳闸保护功能是否正常。

（11）检查应急照明设备功能是否正常。

（12）根据 SCR 系统的电压表和电流表，检查 A，B 电动机负荷是否分配均衡。

4）MCC 柜检查：

（1）检查 MCC 柜面是否清洁，有无损坏。

（2）检查所有断路器（开关）的工作状态。

（2）检查所有仪表、指示灯指示是否正常。

（3）检查 MCC 内是否清洁，抽屉推拉是否灵活轻便。

（4）检查各接触器是否过热，接头是否烧损、腐蚀和生锈。

（5）检查所有插座、接线盒和开关是否有腐蚀和受潮现象。

(6) 检查短路保护、过载保护、失压保护等是否工作正常。

5) 检查所有直流电动机电刷磨损情况。

6) 检查所有电缆是否有磨损、破裂及震动摩擦等。

7) 各照明设施齐全完好、防爆。

8) 消防器材符合使用、存放要求。

9) SCR，MCC 检查、保养记录填写及时、准确、规范，字迹整洁，填写无错漏。

10) 防触电等 HSE 标识清晰。

12.2.5 电、气线路

1) 所有电器设备接线符合规定要求。

2) 检查所有电缆是否有磨损、破裂及震动摩擦等。

3) 检查接线板、开关和插座是否紧固。

4) 检查各接触器线圈是否过热，接头是否腐蚀和生锈。

5) 检查所有露天插座、接线盒及开关是否腐蚀及受潮漏电。

6) 检查电缆槽内电缆是否排放整齐，电缆槽外观应清洁，连接紧密。

7) 检查所有气管线、气控阀及接头是否漏气，继气器是否工作正常。

8) 检查司钻控制台和绞车脚踏给定器供气是否正常。

9) 检查钻台下储气瓶压力表、安全阀、排污阀是否齐全完好，压力是否符合要求。

10) 检查通往司钻控制台的气路软管内的干燥剂是否有效。

12.2.6 其他

1) 在沙漠、高原地区作业应加强油、水管理，防沙尘污染。

2) 发电机、压风机等必须防沙尘，空气滤清器、机油滤清器及时保养。

12.2.7 值班房

1) 班前会：及时向司钻反映巡回检查中发现的未整改问题，

根据任务安排，明确本班机房设备修换、保养、维护内容。

2）班后会：及时进行本班工作总结。

13　机电工助手巡回检查路线及内容

13.1　检查路线

值班房→油罐区→发电机房→变压器→线路及照明设施→值班房

13.2　检查了解内容

13.2.1　值班房

查阅工程班报表等资料，了解施工进度。

13.2.2　油罐区

1）油品（柴油、机油、液压油）油质、油量符合要求。

2）罐口密封严紧，滤清器完好并及时清洗或更换。

3）排污阀完好，定期排污。

4）输油泵组运转正常，电动机及其接线、启动开关符合防爆要求。

5）流量计完好、灵敏准确，管汇、阀门无跑、冒、滴、漏现象，管线连接用卡箍卡紧。

6）罐区清洁，废油、废水及时回收、处理，防止污染环境。

7）消防器材齐全完好，做到“三定一挂”管理。

13.2.3　发电机房

1）HSE 标识（防触电）齐全，清晰，接地线良好。

2）发电机组：

（1）固定良好无松动，运转正常。

（2）曲轴箱油量、油质符合用油要求，各密封处不漏油。

（3）冷却水水量、水质符合用水要求，散热器及各管线不渗不漏。

（4）燃油管路固定牢靠，接头无松动或泄漏。

（5）机油压力表、燃油压力表、机油滤清器压差表、燃油滤清器压差表及空气滤清器压差表等仪表齐全、灵敏、准确，指示正常。

（6）柴油滤清器、机油滤清器、空气滤清器保养或更换符合要求。

（7）风扇头及风扇传动固定，润滑好，皮带松紧合适。

（8）运转时声音、排温、排烟正常，增压器运转正常。

（9）气动或电动马达固定牢固，气管线或电缆连接符合要求。

（10）蓄电池电压、电解液符合要求，接线柱紧固，充电器（机）正常。

（11）发电机各接线柱牢固，运转正常。

（12）电动机轴承润滑良好，黄油嘴齐全。

（13）机组清洁，防潮。

（14）接地线符合要求。

3）螺杆式空气压缩机：

（1）各螺栓紧固，运转正常，仪表灵敏、准确，指示正常。

（2）油气桶内油量、油质符合要求，各管线不漏油、不漏气。

（3）空气滤清器、油滤器、散热器清洁。

（4）运转无异常响声及振动，传动皮带松紧合适。

（5）压风机止回阀、安全阀、排污阀灵活好用。

（6）安全保护系统及报警装置灵活好用，预设参数符合要求。

（7）压风机清洁卫生，房内通风良好，环境温度不超过 40℃。

（8）干燥机运转正常，排污阀灵活好用、按使用要求定时排污、清洁。

（9）储气瓶规格符合配套要求，压力表、安全阀、排污阀齐全、灵敏可靠。

（10）房内配电箱接线符合标准。

4）发电房内清洁，手工具清洁齐全，照明设施齐全完好。

5）发电房接地保护良好。

6）消防器材做到“三定一挂”管理。

13.2.4 变压器

1）外观清洁，各接线端子接头、夹紧装置等无损伤及松动。

2）温度计完好，指示正常，变压器无局部过热变色。

3）无异常响声及振动。

4）无异常气味。

5）风扇运转正常，通风和换气良好。

6）接地良好。

13.2.5 线路及照明设施

1）发电房、钻台及井架、井场、循环罐区、泵房、生活区线路布局合理，接线规范。

2）检查所有电缆是否有磨损、破裂及震动摩擦等。

3）检查接线板、开关和插座是否紧固。

4）检查各接触器线圈是否过热，接头是否腐蚀和生锈。

5）检查所有露天插座、接线盒及开关是否腐蚀及受潮漏电。

6）检查所有灯具是否完好并符合照明要求。

7）所有电器设备及房子接地符合要求。

13.2.6 值班房

1）班前会：及时向司钻反映巡回检查中发现的未整改问题，明确本岗位设备修换、保养、维护内容。

2）班后会：总结工作完成情况。

第三部分

基本操作规范

司钻基本操作规范

1　岗位操作主要内容

1）下钻操作刹把。

2）钻进操作刹把。

3）起钻操作刹把。

4）取心操作刹把。

5）下套管操作刹把。

2　基本操作规范

2.1　下钻

2.1.1　下钻时操作刹把的准备工作

1）司钻操作台的各离合器开关是否灵活，整个气路工作是否正常。

2）刹车系统是否灵活可靠，刹把高低是否合适（盘刹应检查油压是否正常）。

3）防碰天车是否可靠。

4）检查大绳、死活绳头、指重表状态是否正常。

5）检查总气源压力是否在0.8～1.0MPa。

6）组织、督促其他岗位人员做好本岗下钻前的准备、检查工作，对存在的问题组织整改。

2.1.2　钻头入井前检查

1）型号、尺寸符合钻井设计要求，满足地层的可钻性。

2）牙轮无互咬、轴承不松不紧，转动正常（密封轴承除外）。

3）焊缝牢实，螺纹完好，水眼畅通，按设计要求组装喷嘴。

2.1.3　基本操作规范

1）合上转盘惯性刹车，锁住转盘，防止误操作（仅适用于液气大钳操作）。

2）钻头螺纹清洗干净，涂好螺纹脂，用手上扣到上不动，换合适的钻头盒上扣，吊钳紧扣，避免损伤巴掌焊缝、牙轮或螺纹。扣上好后，认真检查一次，钻头入转盘和井口装置时要扶正、平稳、缓慢、防顿、防碰。

3）下钻铤必须刷净螺纹，涂好螺纹脂，卡牢卡瓦和安全卡瓦，安全卡瓦距卡瓦5～10cm，按规定扭矩（见表3－1、表3－2）上紧扣。

4）下钻前必须打开绞车循环冷却水，严禁刹车毂高温下通冷却水，防止高温激化；下放钻具超过700m或悬重300kN时必须使用辅助刹车（电磁涡流刹车）。电磁刹车在使用前，必须保证冷却系统正常。

5）起空车时，用低速起升（一般情况为Ⅱ挡），待空吊卡过转盘面2m后改换高速，并踏下脚踏开关提高滚筒转速，中途活动高速气开关一次（冬季2～3次），检查离合器放气情况。游车上升时，右手不离刹把，左手不离气开关，接近二层台时先降低转速后摘高速离合器，抬头上看，目送游车过二层台，当井架工发出停车信号时刹车，待井架工扣好吊卡发出上提信号后，缓慢上提立柱出立柱盒，外接头高出井口钻具内接头0.2m刹车，注意防止摆动幅度过大，刷净螺纹并抹好螺纹脂，下放立柱对扣一次成功，游车下放一定距离，防止吊卡随钻杆立柱转动。

6）用液气大钳或旋绳加B型大钳按规定扭矩上紧扣，尽量减少手拉猫头。

7）两次合低速上提钻具0.2～0.3m后，摘离合器刹车，待内、外钳工移开吊卡或提出卡瓦后，下放钻具。

8）下放钻具时，眼看指重表，操作电磁刹车司钻开关手柄，根据悬重调整手柄角度，控制下放速度，防止钻具突然遇阻，同时看立柱下放位置，当接头过转盘时点刹防顿，吊卡距转盘2～

表 3—1 钻杆分级标准上扣力矩表

钻杆				接头型式	新接头			一级接头			二级接头			三级接头		
规格 mm (in)	公称重量 kg/m	加厚型式	钢级		外径 mm	内径 mm	上紧力矩 N·m	接头最小外径 mm	偏磨后内扣台肩最小宽度 mm	适应于接头最小外径的上扣力矩 N·m	接头最小外径 mm	偏磨后内扣台肩最小宽度 mm	适应于接头最小外径的上扣力矩 N·m	接头最小外径 mm	偏磨后内扣台肩最小宽度 mm	适应于接头最小外径的上扣力矩 N·m
60.3 ($2^3/_8$)	9.91	外加厚	E	NC26 ($2^3/_8$IF)	87.7	44.4	4742	81.0	2.4	3387	79.4	2.4	2710	79.4	2.4	2710
			G		85.7	44.4	4742	83.6	3.2	4471	81.8	2.4	3658	80.2	2.4	2981
73.0 ($2^7/_8$)	15.49		E	($2^7/_8$IF)	104.8	54.0	7094	96.8	3.6	6233	94.5	2.4	4742	93.7	2.4	4336
			G		104.8	50.8	8943	100.0	4.8	8265	97.6	3.6	6775	96.0	3.6	5691
			S		111.1	41.3	11517	103.2	6.4	10433	100.8	5.2	8807	98.4	5.2	7317
88.9 ($3^1/_2$)	19.81		E	NC38 ($3^1/_2$IF)	120.7	98.3	12330	114.3	4.4	9891	111.9	3.2	7858	110.3	3.2	6504
			G		127.0	61.9	15039	118.3	6.4	13414	115.9	5.2	11246	113.5	5.2	9213
			S		127.0	54.0	18020	122.2	8.3	17072	119.1	6.7	14091	116.7	6.6	11923
127.0 (5)	29.05	内外加厚	E	NC50 ($4^1/_2$IF)	161.9	95.2	25608	149.2	6.0	21407	146.8	4.8	18020	144.5	4.8	14633
			G		165.1	82.6	34956	154.8	8.7	29672	151.6	7.1	24930	148.4	6.7	20323
			S		168.3	69.3	43086	160.3	11.5	38479	155.6	9.1	31027	152.4	6.7	26150

表 3—2 常用钻铤螺纹上紧扭矩表

连接类型	外径，mm	最小上紧扭矩										
		内径，mm										
		31.8	38.1	44.4	50.8	57.2	63.5	71.4	76.2	82.6	88.9	95.2
NC35	120.6			16.4	14.6	12.5	10.0					
$3^1/_2$MO	120.6			16.1	15.9	13.6	11.1					
NC38	120.6			13.4	13.4	13.4	13.4	11.3				
$3^1/_2$H－90	120.6			11.8	11.8	11.8	11.8	11.8				
4H90	158.8				31.9	29.2	26.3	22.4				
$4^1/_2$REG	158.8				31.7	29.3	26.3	22.0				
NC44	158.8				33.9	31.6	28.7	24.4				
$4^1/_2$FH	158.8				36.6	33.9	30.9	26.8	24.0			
$4^1/_2$EH $4^1/_2$SemiIF	158.8					38.0	34.6	30.1	27.4			
$4^1/_2$H－90	158.8				38.6	35.3	31.2	28.5				
5H－90	158.8				33.9	33.9	33.9	33.9				
	177.8				47.5	44.7	40.0	36.6				

续表

连接类型	外径，mm	最小上紧扭矩										
		内径，mm										
		31.8	38.1	44.4	50.8	57.2	63.5	71.4	76.2	82.6	88.9	95.2
NC50	158.8					30.9	30.9	30.9	30.9	30.9		
$5^1/_2$DSL	177.8					51.5	48.1	43.4	40.7	35.9		
$5^1/_2$H－90	177.8					56.3	54.2	49.5	46.1			
$5^1/_2$REG	177.8						52.9	52.9	48.8	45.4		
$5^1/_2$FH	177.8						44.1	44.1	44.1	44.1		
NC56	203.2						69.1	65.1	61.0	56.9		
$6^5/_8$REG	203.2						77.3	71.9	67.8	63.7		
$6^5/_8$H－90	203.2						80.7	75.9	71.9	67.1		
NC61	203.2						73.2	73.2	73.2	73.2		
	228.6						97.6	92.2	88.1	82.7		
$5^1/_2$IF	203.2						75.9	75.9	75.9	75.9	75.9	
	228.6						100.3	94.9	90.8	85.4	80.0	
$6^5/_8$FH	228.6							112.5	108.5	103.0	97.6	90.2
NC70	228.6							101.7	101.7	101.7	101.7	101.7

3m时，手柄应达到最大位置，减速慢下配合刹把将吊卡平稳坐在转盘上，松开手柄回位、放松大钩弹簧。当大钩两台肩接触，立即刹车，配合内外钳工摘开吊环挂入空吊卡，插好吊卡销后，重复上述5)、6)、7)、8)的动作。

9）下钻遇阻不得超过50kN，否则应提起钻具上下活动，转动方向，缓慢试下，无效时，接方钻杆循环钻井液，划眼，下最后两立柱要减慢速度。

10）下钻杆时，应使用双吊卡加小补心。

2.1.4 安全注意事项

1）操作时要平稳，严禁猛提、猛刹、猛顿。

2）起空车时注意观察大绳排列情况及游车上升位置。

3）下钻时要控制下放速度，防止突然遇阻或刹车失灵造成顿钻或其他事故。

4）冬季应经常活动各气控制开关，防止冻结。

5）特殊情况使用B型大钳紧扣时，注意按规定扭矩（见表3－1、表3－2）上紧扣。

6）严禁在没有滚筒冷却水或辅助刹车有故障的情况下下钻。

7）起下钻铤时，严禁将安全卡瓦留在钻铤上一同升降。

2.2 钻进

2.2.1 钻进时操作刹把的准备工作

1）检查指重表、立压表工作是否正常。

2）刹把高低是否合适，刹车是否灵敏（盘刹应检查油压是否正常）。

3）小鼠洞应备有钻杆单根。

2.2.2 基本操作规范

1）开泵：

(1) 下放游车，挂上水龙头，锁住大钩销，接好方钻杆；打开转盘惯性刹车，启动转盘前，清除转盘上异物，钻头不接触井底。

（2）根据裸眼段长短等井下情况，确定是否中途开泵顶通水眼。中途开泵顶水眼时，要减少泵冲数，降低排量，用小排量顶通水眼，再正常循环，也可先转动转盘，再开泵。

（3）下完钻开泵，钻头应距井底至少5m，开泵前先鸣喇叭，通知副司钻，得到副司钻开泵信号后，方可进行开泵操作。挂泵时，按“一轻、二重、三负荷”三次操作泵开关，做到手不离泵开关手柄（电动钻机为手轮），眼不离立压表，耳听机器运转声，密切注意立压变化，立压一显示，立即摘泵观察，待水眼及环空畅通、钻井液正常返出，再正常循环。

2）钻进：

（1）新牙轮钻头下至井底应按照厂家推荐参数和时间磨合钻头。对于金刚石钻头应先轻压（0.5～3t），慢转（Ⅰ挡）20～30min，待修平井底后，再加至正常钻压钻进（钻井参数，按照施工任务书执行），钻进时，注意参数仪和立压表的变化。

（2）注意力集中，眼盯指重表，均匀送钻，防溜钻。钻进中遇蹩跳地层应采取减小钻压，调整转速等处理方法。遇软硬交接的地层，减压钻进正常后，加足压力钻进。发现钻头蹩跳，转速不均匀，停车后有倒车现象、进尺慢等，应立即查明原因，禁止盲目钻进。

（3）随时观察泵压变化，发现泵压下降超过1MPa，立即停钻检查，如地面设备、钻井泵、管线等没有问题，应立即起钻检查钻具。如设备发生故障，应尽量循环钻井液，活动钻具；若无法活动，可将悬重的2/3压至井底，抢修设备及时排除故障后，上提钻具，起钻检查钻具。

（4）钻具在井内时，手不得离开刹把，不能将刹把交给无司钻操作证人员操作。

（5）定向钻进：

①开泵前调准工具面、锁住转盘。

②距井底 2～3m 时开泵，待螺杆启动后缓慢下放至井底钻进。

③排量达到要求，送钻均匀，保持螺杆工作状态良好。

④尽量避免螺杆空转和长时间不送钻；减少划眼，必须划眼时应降低排量。

⑤上提钻具时，应先停泵待螺杆停止运转后，再上提钻具。

3）接单根：

（1）钻完方入刹住刹把，钻压减少 30～50kN，摘转盘气开关，待转盘停稳后一次挂合低速离合器，快绳下移时松刹把，单根内接头出转盘面 0.5m 刹车后，停泵，放入小补心，扣好吊卡摆正后慢放钻具坐吊卡，大钩弹簧松回 2/3 左右，指重表回至空悬重左右刹住刹把。

（2）卸扣后上提方钻杆使外螺纹高出内接头 0.2m，小鼠洞对扣，待用自动上扣器上扣、液气大钳上紧扣后合低速离合器，方钻杆起升时改用高速，单根起出小鼠洞 3/4 时摘高速，单根提出小鼠洞后及时刹车，与井口钻具对扣。

（3）液气大钳按规定扭矩上紧扣，上提钻具离开吊卡 0.2m 后刹车开泵。钻井液返出井口、泵压正常后再慢慢下放钻具，眼看指重表、立压表、方钻杆接头过转盘面时驱动转盘使方补心进方瓦，启动转盘恢复钻进。

2.2.3 安全注意事项

1）开泵前确认人员远离高压危险区，得到副司钻开泵信号后才能开泵，防止憋泵造成人员伤害。

2）禁止加压启动转盘。

3）送钻过程中，精力集中，注意泵压变化，严防溜钻。

4）接单根时，操作速度要快，减少停泵和钻柱在井内静止时间。

5）在鼠洞接单根后用高速上提时注意防止碰二层台及顶天车。

6）接单根、测单点等操作时，井下钻具静止时间不得超过 3min。

7）定向井必须按规定钻深及时进行单点测斜，测单点时，上提下放活动钻具不小于 5m。

2.3 起钻

2.3.1 准备工作

1）摘转盘离合器，当转盘停止转动后，合上低速离合器，将钻具上提，使钻具提离井底 2m 左右。

2）大排量循环钻井液一周以上，在循环钻井液期间，钻具应以上下大幅度活动为主，转动为辅，活动范围 3～5m，当地质人员捞取完砂样，钻井液性能和井下情况正常后，可组织人员起钻。

2.3.2 设备检查

1）司钻操作台的各离合器开关是否灵活，整个气路工作是否正常。

2）刹车系统是否灵活可靠，刹把高低是否合适（盘刹应检查油压是否正常）。

3）防碰天车是否可靠。

4）检查大绳及死、活绳头是否牢靠，指重表状态是否灵敏。

5）检查总气源压力是否在 0.8～1.0MPa。

6）组织督促其他岗位人员做好本岗起钻前的准备及检查工作，对存在的问题及时组织整改。

7）弄清井下情况、钻具结构、井身结构，清楚每段井眼的起钻速度、可能出现的复杂情况及应采取的措施。

2.3.3 基本操作规范

1）起钻前循环，勤活动钻具，待砂样取完，钻井液性能达到要求和井下情况正常后方可起钻。

2）根据绞车提升能力和钻具重量，在井下情况正常条件下合理选用排挡。

3）卸开方钻杆，装好刮泥器后将方钻杆放入大鼠洞，打开大钩钩口，摘下水龙头后打开大钩制动销。

4）起钻时，挂好吊卡并插好吊卡销子，与内、外钳工配合，两次挂合低速气开关，拉紧大钩弹簧，待内、外钳工闪开后，看游车摆至中间，再挂低速，上提钻具，用脚踏开头调整滚筒转速。根据井下及钻具情况，合理选择起钻速度，如果使用高速提升，先挂合低速上提钻具，吊卡过转盘面 2m 后改换高速。操作时右手不离刹把，左手不离气开关，眼看指重表，以防突然遇卡，同时看起出的钻具接头数，判断游车位置，立柱下接头出转盘面后及时摘低（高）速，内接头下端面距转盘面 0.5m 刹车，井口吊卡扣好摆正后，缓慢下放钻具坐上吊卡，放松大钩负荷，用液气大钳卸扣。

5）卸扣后合低速上提立柱，使外螺纹高出内螺纹 0.2m 刹车，慢抬刹把，配合内、外钳工送立柱进立柱盒，抬头上看，待井架工摘开吊卡拉立柱进二层台后，下放并目送游车过二层台，确保游动系统不挂碰二层台。

6）空吊卡下行距转盘面 3m 左右减速慢放，配合内外钳工摘下空吊卡，吊环挂入井口负荷吊卡后，重复上述 5）、6）的动作。

7）每起钻杆 3 柱或钻铤 1 柱，必须向井内灌满钻井液，液面监测坐岗要落实。

8）起钻遇卡，禁止猛提硬转，提升悬重不超过原悬重 100kN，如暂时提不出来，即应设法接方钻杆循环钻井液或在规定范围内活动钻具，并报告值班干部共同研究处理措施。

9）严防单吊环起钻，起钻铤时卡好安全卡瓦，上紧提升短节。

10）起钻过程中要防止手工具等落入井内。

2.3.4　安全注意事项

1）操作刹把要平稳，严禁猛提、猛刹、猛顿。

2）起钻过程中严禁带负荷调整刹把。

3）井口人员扣吊卡时，必须要刹住车，以防顿飞吊卡。

4）特殊情况使用B型大钳卸扣时，要防止人员伤害。

5）及时了解起出钻具与灌入井内钻井液的体积是否一致。

6）打捞起钻时，严禁转盘卸扣。

7）卸钻头时，严禁转盘绷扣。

8）起钻完盖好井口，防止井下落物。

2.4　取心钻进

2.4.1　准备工作

1）检查指重表、立压表工作是否正常。

2）刹把高低是否合适，刹车灵敏（盘刹应检查油压是否正常）。

3）总气源压力是否在0.8～1.0MPa范围内。

2.4.2　基本操作规范

1）循环处理好钻井液（投入钢球后），记录悬重和泵压，启动转盘，眼看指重表慢慢下放钻具，钻头接触井底开始造心（泥岩可缓慢加压20～40kN，砂岩加压40～60kN），树心0.3m后逐渐加至设计钻压。

2）钻进中精力要集中，送钻要均匀，钻时快要跟上钻压，钻时慢要查明原因，不可猛压，无特殊情况不停泵、不停转、不上提钻具；根据转盘负荷、泵压、钻时和刹把上的感觉，随时判断地层是否变化和钻头工作情况，如遇异常，及时报告值班干部。

2.4.3　安全注意事项

1）取心钻进时精力集中，操作要平稳，送钻要均匀，随时判断井下情况。

2）严禁加压启动转盘。

3）出现转盘负荷变轻，钻速明显降低时，要根据实际情况分析判断，如若为堵心、磨心、卡心则应果断割心起钻。

2.5 下油层套管

2.5.1 准备工作

1）检查指重表、大绳、刹车系统及防碰天车工作是否正常。

2）刹把高低是否合适，刹车灵敏（盘刹应检查油压是否正常）。

3）总气源压力是否在0.8～1.0MPa范围内。

2.5.2 基本操作规范

1）待气动小绞车将套管单根吊入小鼠洞，解下绳套后，吊卡扣住鼠洞内套管，挂低速上提，提出0.5m改用高速，提出鼠洞3/4摘高速，外螺纹升过井口套管内螺纹0.2～0.3m刹车。

2）配合井口人员对扣一次成功，滚筒松回一圈刹住，液压套管钳上扣。

3）合低速一次拉紧大钩弹簧，再次上提0.2～0.3m刹车，待内外钳工摘开吊卡拉离井口再慢抬刹把，眼看指重表下放套管，吊卡离转盘面2m左右减慢下放速度，吊卡平稳坐转盘。

4）放松大钩弹簧，配合内外钳工摘开吊环挂入空吊卡，插入保险销，合低速提起吊卡配合井口人员扣合另一套管，重复上述动作。

5）灌钻井液时，在3～5m范围内上下活动套管，防止粘卡。

2.5.3 安全注意事项

1）操作要平稳，控制下放速度，严禁猛提、猛刹、猛顿。

2）套管螺纹必须清洁，均匀涂好标准密封脂，上钻台要戴好护丝。

3）井口打开吊卡时要刹住滚筒，防止顿飞吊卡。

4）按规定向套管内灌满钻井液，并及时活动套管。

5）下套管遇阻时不能硬压，更不能转动，应立即向套管内灌满钻井液，接水龙带循环，若无效，应起出套管下钻通井。

6）上扣时一旦错扣，应卸开重上，不得上提拔脱，严禁电焊强下。

7）注意根据套管下入负荷，及时挂合电磁刹车。

副司钻基本操作规范

1　岗位操作主要内容

1）钻井泵启动与运转操作。

2）钻井泵检修。

3）其他操作。

2　基本操作规范

2.1　钻井泵启动与运转

2.1.1　启动前检查、准备工作

1）每次启动前应检查缸套压盖、阀体压盖、拉杆及拉杆卡箍等各处螺丝是否上紧。

2）润滑油油量、油质是否符合要求。

3）安全阀、泵压表是否灵敏，空气包内预压力是否符合要求（为施工工作压力的30%，最大不超过6MPa）。冬天开泵前应预先盘泵，并对压力表、安全阀预热。

4）上水管线、高压管汇闸门开关状态正确，防止无上水或蹩泵。

5）冷却水系统是否符合要求。

6）口井完钻后将安全阀拆下检查保养，以防锈死。

2.1.2 基本操作规范

1）确保钻井泵、高压管汇、安全阀泄压管方向及传动部位附近无人及传动部位无障碍物。

2）倒好闸门，确保各闸门开关正确。

3）发出启动钻井泵信号，待司钻启动钻井泵时，注意观察泵压变化，如有异常现象，及时发出停车信号。

4）正常运转时（尤其是负荷运转）检查轴承温度。

5）启动后应做到“五观察”，“三不离”：

（1）五观察：

①泵内有无杂声与刺声。

②十字头和各轴承润滑情况。

③泵压变化。

④活塞与缸套有无刺漏，冷却系统是否正常。

⑤钻井液罐液面有无上涨或下降，不正常时立即与司钻联系，及时发现井涌或井漏现象。

（2）三不离：

①井下不正常时不离岗位。

②每次摘挂泵时不离岗位。

③检修泵时不离岗位。

2.1.3 安全注意事项

1）开泵时高压管汇、安全阀泄压管方向及传动部位不准有人，当钻井泵正常运转、水眼顶通、泵压正常后，方可进入泵区。

2）遇特殊情况需停泵，应先通知司钻把钻具提起，然后再停泵。

3）泵在高压下工作，禁止开关回水闸门。为了安全，应先关回水闸门再开泵，或先停泵再开回水闸门，倒闸门时应先开后关，开关闸门时，要做到一次开全或一次关紧，并回旋1/4～1/

2 圈。

4）泵房倒闸门注意事项：

（1）清楚各闸门所控制钻井液流向。

（2）倒闸门前必须清楚各闸门开关状态。

（3）停泵后方可进行倒闸门操作。

（4）根据工作需要合理倒好闸门，除非修泵，不得将泵闸门组管线两端的闸门同时关闭。

5）起钻前倒好灌钻井液管线闸门，起钻时按规定灌好钻井液，除观察循环罐液面是否下降外，还需看井口灌钻井液管线是否脱落，钻井液是否如数灌入井内，若发现灌不进钻井液应及时通知司钻进行处理，防止井涌、井喷或造成井塌。

6）冬季或长时间停泵，应将缸套、阀室、高压管线内钻井液放净，冲洗干净并擦干，缸套、阀体总成涂润滑脂。

2.2 钻井泵检修

2.2.1 准备工作

1）更换钻井泵缸套、活塞准备工作：

（1）准备好新缸套、缸套密封圈、活塞总成。

（2）准备好黄油、拉缸器、撬杠、榔头、管钳。

2）更换钻井泵进排水阀座准备工作：

（1）准备好新阀座、阀体、阀座取出器。

（2）准备好撬杠、扳手、管钳、榔头。

3）修泵时必须摘掉司钻台上的钻井泵控制气开关以及泵离合器附近的钻井泵控制气开关，并有专人看守。

4）任何时候，摘挂泵只能由一人指挥，不得多人同时指挥。

2.2.2 基本操作规范

1）更换缸套和活塞前先停泵，倒好闸门，关闭上水管闸门后再打开缸盖，取出吸入阀总成，放净钻井液，并有专人看守，更换缸套和拉杆时，最好用人工盘泵，如人工无法盘泵时，则合上司钻台的钻井泵控制开关，活动泵离合器附近的钻井泵控制气开关，缓慢将中心拉杆顶至上止点，然后用撬杠撬出活塞拉杆，卸下缸套活接头取出缸套。装缸套按相反程序操作。

2）更换钻井泵进排水阀阀座时，先停泵倒好闸门，关闭上水管闸门，卸开进排水螺纹圈，取出进排水总成，装好阀座取出器，取出阀座，将阀箱内外清洗干净，装入新阀座及阀体。按相反程序装好液力端，倒好闸门，排净空气。

2.2.3 安全注意事项

1）更换缸套时，应使用缸套取出器，不准用憋泵法取缸套。

2）更换缸套时，必须同时更换缸套密封圈。

3）更换阀座时，必须用专用的拔阀座工具，严禁用气割或电焊割取，以免损坏冷缸。

4）在停泵检查修理时，一定要把泵开关关掉并挂好“设备检修”牌，以免发生错误操作，造成人身伤害。

5）修理完必须清理拉杆箱内、皮带上的手工具，倒好闸门后再开泵。

2.3 其他操作

2.3.1 开、关防喷器

1）开、关前检查远程控制台储能器、管汇、环形防喷器，闸板防喷器的压力。

2）操作时依据“四、七”动作开关防喷器。

2.3.2 操作测斜绞车

1）操作前检查测斜绞车、钢丝绳、刹车、计数器是否处于良好状态。

2）操作时应注意控制下放、上提速度，防止拉断钢丝绳，到井底前应缓慢下放。

井架工基本操作规范

1 岗位操作主要内容

起、下钻时二层台操作。

2 基本操作规范

2.1 起钻

2.1.1 准备工作

1）检查安全带、兜绳是否完好，固定牢靠、合理。

2）钻杆钩、信号棒是否拴好保险绳。

2.1.2 基本操作规范

1）戴好安全带，并与登梯助力绳可靠连接，登梯爬上二层台，取下助力绳并挂好，把安全带尾钩挂于方便、安全、牢固处。检查二层台的各种用绳、逃生绳固定及逃生装置的完好情况。

2）游车上升时观察钢丝绳断丝及磨损情况，内接头超过二层台正常位置，发出刹车信号，及时提醒司钻，防止碰天车。

3）立柱坐井口吊卡后，绕好兜绳，看钻台卸扣，同时注意观察钻具弯曲情况，注意吊卡摆动。

4）卸完扣立柱提起进立柱盒时，用力拉兜绳使立柱靠近操作台，并迅速将兜绳固定在“U”型卡上。

5）眼看吊卡下放离开内接头台阶，右手摘开吊卡，双手拉兜绳使立柱进二层台，目送游车过操作台。

6）抽出兜绳，用力推立柱入立柱排放架，立柱排满或起完钻后挂好保险链，及时锁住挡杆，防止立柱出二层台。

7）起钻铤或由于风大钻杆不易拉入排放架，可使用二层台的气动小绞车。

2.2 下钻

2.2.1 准备工作

1）安全带、兜绳完好，固定牢靠、合理。

2）钻杆钩、信号棒应拴好保险绳。

2.2.2 基本操作规范

1）兜绳留出适当的长度将活绳端固定在“U”形卡上，把下井的立柱用钩子拉出，靠在操作台上，绕好小兜绳。

2）眼看游车上升，防止游车碰操作台，有情况及时向司钻发出信号，游车过操作台后及时发出停车信号。

3）吊卡到位停止后，松小兜绳，利用游车的摆动将立柱推入吊卡内，右手迅速扣合活门，再试拉活门，观察安全插销进入销孔后发出起车信号。

4）上提立柱时慢松兜绳，扶立柱配合井口上扣，上紧扣后取下兜绳。

5）钻柱下放时目送游车过操作台。

6）钻铤上扣时注意提升短节是否倒扣。

7）钻具比较重时，注意观察天车、游车及大钩连接固定是否齐全完好，运转正常，有无杂音，如有异常，及时和司钻联系。

8）下钻完把所有用绳收回盘好，工具放置安全，防止掉落，取下登梯助力绳钩与安全带尾钩连接好后下二层台。

2.2.3 安全注意事项

1）二层台操作必须按标准戴好安全带，逃生装置应灵活好用、安全可靠，非紧急情况严禁使用。

2）兜绳两端要固定牢靠，严禁不用兜绳扣合吊卡，防止立柱失控。

3）拉立柱进二层台时，不准用手推拉立柱内扣，防止被大钩碰伤。

4）下放立柱前及时松开兜绳，防止压坏操作台和伤人。

5）司钻未及时停车时，应立即发出停车信号，防止顶碰天车。

6）严禁乘游车上下二层台或抱钻具下滑。

7）所用手工具必须拴保险绳且固定牢靠，防止落下伤人。

内钳工基本操作规范

1　岗位操作主要内容

1）起、下钻井口操作。

2）接单根井口操作。

3）下套管井口操作。

2　基本操作规范

2.1　起、下钻

2.1.1　起钻

1）准备工作：

(1）检查、准备好液气大钳、B型大钳、小补心。

(2）起钻前检查准备好刮泥器。

2）基本操作规范：

(1）钻具提升，面向井口，耳听司钻操作声，眼看钻具，注意钻具上升位置及钻具本体有无损伤，及时提醒司钻。

(2）立柱下接头出转盘面0.5m时，身子倾斜向下，伸右手搬吊卡耳部，司钻刹车后，与外钳工配合，猛拉吊卡，紧靠钻具，配合外钳工扣好吊卡。

(3）待钻具坐稳井口吊卡后，操作液气大钳卸开立柱（特殊情况使用B型大钳），液气大钳操作口诀为：钳子一定送到头，下钳卡牢转钳头，上卸扣完对缺口，松开下钳往回走。

(4）待司钻提起立柱后，检查井口钻具内接头螺纹、密封端面及本体有无刺漏、损伤，配合外钳工送立柱至立柱盒，注意脚下动作，不滑倒；观察灌钻井液情况后，迅速撤至安全区，防止落物造成伤害。

（5）注意游车下放，空吊卡距转盘面 1.5m 左右时，与外钳工配合伸左手推吊环，身子向右侧前倾，右手拔出吊卡销，推吊环使空吊卡放至转盘面（避免碰井口钻具和吊卡），趁司钻刹车拉出吊环。

（6）利用大钩摆动惯性，待大钩返回时，一次挂上井口负荷吊卡，右手插入销子，双手扶正吊环，配合司钻拉紧大钩弹簧后离开井口位置，重复上述动作。

2.1.2 下钻

1）准备工作：

检查、准备好液气大钳、B 型大钳、小补心。

2）基本操作规范：

（1）下放钻具时，观察返出钻井液情况。

（2）立柱下放至最后一个单根，速度减慢时，站好位置和外钳工配合，迎接负荷吊卡，当吊卡距转盘面 1m 左右时，左手扶吊环，右手拔出吊卡销，待吊卡坐转盘后，趁司钻刹车拉出吊环，一次挂上空吊卡，插好保险销。

（3）配合司钻起车，扶正吊卡，护送过内接头，吊卡过内接头转吊卡活门朝井架工方向，检查钻具内接头螺纹，注意游车上升位置，及时提醒司钻。

（4）司钻提起立柱后，伸出右手迎接立柱，然后与外钳工配合扶正外接头对扣一次成功，侧面对司钻，注意不要挡住司钻视线。

（5）对扣后，操作液气大钳按规定扭矩上紧扣。

（6）液气大钳退回后，站好位置，待司钻上提钻具刹车后，配合外钳工打开并拉出吊卡，重复上述动作。

2.1.3 安全注意事项

1）起钻与外钳工密切配合，同时推拉吊环一次挂入吊卡吊耳内，立即插入吊卡销，防止单吊环起钻。

2）与外钳工配合对扣一次成功，防止顿扣。

3）在井口使用手工具时要拴保险绳或盖好井口。

4）液气大钳钳牙及上下挡销必须齐全完好，钳头腭板尺寸必须与钻具相吻合。

5）下立柱时按排放顺序或倒换顺序下钻，倒换钻具的顺序必须有记录。

6）使用B型大钳时，严禁大钳咬在钻杆本体上进行松扣及紧扣。

7）起下钻铤时，卡瓦距内扣端面50cm，距安全卡瓦5cm。

2.2　接单根

2.2.1　准备工作

1）检查、准备好液气大钳。

2）小鼠洞内准备好预接单根。

2.2.2　基本操作规范

1）钻完方入，司钻上提钻具，当单根内接头出转盘面0.5m刹车后，配合外钳工放入小补心，扣好吊卡。

2）待司钻慢放钻具坐稳吊卡刹住刹把后，观察指重表悬重显示及司钻停泵情况，发现异常及时提醒司钻。

3）操作液气大钳卸扣，卸扣后液气大钳回原位，操作时防止井口落物。

4）钻具内放有钻井液滤清器时，应取出滤清器清洗后放入待接单根内。

5）司钻上提方钻杆，配合外钳工拉方钻杆至小鼠洞单根对扣一次成功。

6）待司钻用自动旋扣器上扣后，操作液气大钳按规定扭矩紧扣，紧扣后液气大钳回原位。

7）司钻提单根出小鼠洞后，配合外钳工用钻杆钩或棕绳送单根至井口，检查井口钻具内接头密封端面，待外钳工涂螺纹脂后对扣。

8）待司钻用自动旋扣器上扣后，操作液气大钳按规定扭矩紧扣。

9）司钻上提钻具并刹车后，配合外钳工打开吊卡并移出转盘面。

10）待井架工操作气动（液压）绞车吊单根至钻台面时，配合外钳工卸下单根护丝，将单根平稳放入小鼠洞，卸下提丝后检查内螺纹及密封端面有无损坏。

2.2.3 安全注意事项

1）液气大钳钳牙完好、固定牢靠，防止井口落物。

2）卸扣时，注意钻具内是否有内压，防止人身伤害。

3）拉方钻杆与鼠洞单根对扣的绳子和钩子要安全可靠，对扣时与外钳工配合好。

4）司钻上提鼠洞单根时，注意游车上升位置，及时提醒司钻，防止碰二层台及顶天车。

5）上扣时必须按规定扭矩上紧扣，防止损坏钻具。

6）司钻操作自动旋扣器上扣时，如继气器不放气，配合司钻关自动旋扣器管线的总闸门。

2.3 下油层套管

2.3.1 准备工作

准备好小补心、套管扶正器、灌钻井液管线。

2.3.2 基本操作规范

1）待井架工操作小绞车上提套管单根至钻台面时，配合外钳工将套管送入小鼠洞；取下绳套或摘开单根吊卡，拉绳套或单根吊卡顺着坡道滑下。

2）套管下放至距转盘面 2m 时，站好位置，和外钳工配合，准备好空吊卡，待负荷吊卡坐于转盘后，左手取出吊卡销，双手握住吊环，在司钻刹车时拉出吊环，挂入空吊卡，插好保险销。

3）司钻上提游车高出井口套管内接头，待司钻刹车后与外钳工配合拉空吊卡至小鼠洞，扣上鼠洞内套管，关好吊卡活门。

4）司钻上提套管单根出小鼠洞时，配合外钳工将套管单根平稳的送至井口，司钻下放游车，确保对扣一次成功，防止顿扣。

5）待套管队人员紧扣后，司钻上提游车刹车，按下套管设计要求，配合外钳工装好套管扶正器，配合外钳工打开吊卡并移出转盘面。

6）下套管过程中，配合其他人员，做好灌钻井液工作。

2.3.3 安全注意事项

1）与外钳工密切配合，同时推拉吊环一次挂入吊卡吊耳内，立即插入吊卡销。

2）与外钳工配合对扣一次成功。

3）在井口使用手工具时要拴保险绳或盖好井口。

4）井口操作时不能挡住司钻视线。

5）注意观察下入套管单根数，及时提醒司钻灌好钻井液。

2.3.4 特殊情况下使用B型内钳的操作程序

1）左手抓钳柄把手，右手抓钳头把手，右腿移向前，右腿弓左腿蹬，使大钳开口对准钻具接头，用力向钻具接头猛推大钳，待钻具接头进入钳口时，右手用力打上大钳（卸扣时内钳打在上面，上扣时打在下面）。

2）打上大钳后，右手拉钳框，左手推钳柄，左腿弓右腿蹬，绷紧尾绳，配合外钳工和司钻松紧扣，待大钳咬紧后避开危险区。

3）松紧扣后，左手抓钳柄把手，先拉后推，右手打开钳框，推开内钳，注意不要让大钳摆动过大。

外钳工基本操作规范

1 岗位操作主要内容

1）起、下钻井口操作。

2）接单根井口操作。

3）下套管井口操作。

2 基本操作规范

2.1 起、下钻

2.1.1 起钻

2.1.1.1 准备工作

1）准备好吊卡、卡瓦、安全卡瓦、手工具。

2）准备好钻杆钩、钢丝刷。

3）准备好各种相应提升短。

4）准备好B型大钳。

5）检查工具时要做到：

（1）吊卡舌头、活门、保险销灵活可靠，台肩磨损不超标。

（2）手工具灵活好用，不得放在转盘上。

（3）卡瓦及安全卡瓦：

①卡瓦牙磨损余量及固定符合工作要求，手把齐全不松动，卡片之间连接销牢靠，卡瓦牙压板上紧。

②安全卡瓦牙及弹簧固定牢靠，并灵活好用，节数与被卡钻具的直径相符，使用标准锁紧丝杠和螺母。

③钻铤安全卡瓦距卡瓦5～10cm，以免卡瓦失效时使安全卡瓦受冲击负荷，造成钻铤落井，安全卡瓦必须上紧，卡瓦牙受力均匀。

2.1.1.2 基本操作规范

1）钻具提升，眼看指重表，注意钻具上升位置及钻具本体有无损伤，及时提醒司钻。

2）立柱最后一根单根接头露出转盘面 0.5m，身子倾斜向下，伸左手搬吊卡耳部，待司钻刹车后，和内钳工配合迅速扣上吊卡，扣活门一次成功，检查吊卡锁销试拉活门，观察锁紧情况。

3）钻具坐上吊卡并刹车后，配合内钳工，用液气大钳卸扣。

4）待司钻提起立柱后认真检查钻具外接头螺纹、密封端面、本体有无刺漏损伤，配合内钳工用钻杆钩子拉立柱推进立柱盒，排放整齐，按顺序编好序号后，迅速撤至安全区，防止井架落物造成伤害。

5）抬头看游车，待吊卡距转盘 1.5m 左右，与内钳工配合，右手推吊环，身子向左侧前倾，左手拔出吊卡销，推吊环使空吊卡放至转盘面（避免碰井口钻具和吊卡），趁司钻刹车，拉出吊环。

6）利用大钩摆动惯性，待大钩返回时，将吊环一次挂入井口负荷吊卡，插好保险销，重复上述动作。

2.1.2 下钻

2.1.2.1 准备工作

1）准备好吊卡、卡瓦、安全卡瓦、手工具。

2）准备好钻杆钩、钢丝刷、螺纹脂。

3）检查工具时要做到：

（1）吊卡舌头、活门、保险销灵活可靠。

（2）手工具灵活好用，不得放在转盘上。

（3）卡瓦及安全卡瓦：

①卡瓦牙磨损余量及固定符合工作要求，手把齐全不松动，卡片之间连接销牢靠，卡瓦牙压板上紧。

②安全卡瓦牙及弹簧固定牢靠，并灵活好用，节数与被卡钻具的直径相符，使用标准锁紧丝杠和螺母。

③钻铤安全卡瓦距卡瓦 5～10cm，以免卡瓦失效时使安全卡瓦受冲击负荷，造成钻铤落井，安全卡瓦必须上紧，卡瓦牙受力均匀。

2.1.2.2 基本操作规范

1）下放钻具时，眼看指重表，注意司钻操作。

2）立柱下放至最后一个单根，速度减慢时，站好位置和内钳工配合，迎接负荷吊卡。当吊卡距转盘面 1.5m 左右时，右手扶吊环，左手拔出吊卡销，待吊卡坐转盘后，趁司钻刹车拉出吊环，一次挂入空吊卡，插好吊卡销。

3）配合司钻起车，护送吊卡过内接头，且吊卡活门对着井架前开口方向，内螺纹涂好螺纹脂。

4）司钻提起立柱后，送立柱至井口，检查钻具外接头螺纹并刷净，与内钳工配合，双手扶立柱对扣一次成功。

5）配合内钳工用液气大钳上扣。

6）待司钻上提钻具刹车后，打开吊卡活门，与内钳工配合拉出吊卡，重复上述动作。

2.1.2.3 安全注意事项

1）起钻与内钳工密切配合，同时推拉吊环一次挂入吊卡吊耳内，立即插入吊卡销，防止单吊环起钻。

2）与内钳工配合对扣一次成功，防止顿扣。

3）井口操作时不能挡住司钻视线。

4）在井口使用手工具时要拴保险绳或盖好井口。

5）螺纹脂刷要固定牢靠，涂螺纹脂时要握紧并涂抹均匀。

6）尽量避开井口刷螺纹，在井口刷内螺纹时握牢钢丝刷，防止掉落。

7）下立柱时按排放顺序或倒换顺序下钻，倒换钻具的顺序必须有记录。

8）使用 B 型大钳时，严禁大钳咬在钻杆本体上进行松扣或紧扣。

9）起下钻铤时，卡瓦距内扣端面50cm，距安全卡瓦5cm。

2.2 接单根

2.2.1 准备工作

1）检查、准备好吊卡（钻铤：准备好卡瓦及安全卡瓦）、钻杆钩、钢丝刷、螺纹脂。

2）小鼠洞内准备好预接单根。

2.2.2 基本操作规范

1）钻完方入，司钻上提钻具，当单根内接头出转盘面0.5m刹车后，与内钳工配合放入小补心，扣好吊卡。

2）待司钻慢放钻具坐稳吊卡刹住刹把后，观察参数仪悬重显示及司钻停泵情况，发现异常及时提醒司钻。

3）在内钳工操作液气大钳卸扣时准备好钻杆钩或棕绳。

4）司钻上提方钻杆，与内钳工配合拉方钻杆至小鼠洞单根对扣一次成功。

5）待司钻用自动旋扣器上扣、内钳工操作液气大钳按规定扭矩紧扣后，司钻提单根出小鼠洞，配合内钳工用钻杆钩或棕绳送单根至井口，检查单根外螺纹，井口钻具内接头内涂好螺纹脂后对扣。

6）待紧扣后，司钻上提钻具并刹车，与内钳工配合打开吊卡并移出转盘面。

7）观察司钻开泵后钻具接头处是否刺漏钻井液，必要时重新紧扣。

8）待井架工操作小绞车吊单根至钻台面时，与内钳工配合卸下单根护丝，将单根平稳放入小鼠洞，卸下提丝后检查内螺纹及密封端面有无损坏，并在内接头内涂好螺纹脂。

2.2.3 安全注意事项

1）吊卡必须灵活好用，安全可靠，台阶面磨损不超过 3mm。

2）拉方钻杆与鼠洞单根对扣的绳子和钩子要安全可靠，对扣时与内钳工配合好。

3）司钻上提鼠洞单根时，注意游车上升位置，及时提醒司钻，防止碰二层台及顶天车。

4）螺纹脂刷要固定牢靠，涂螺纹脂时要握紧，并涂抹均匀。

5）尽量避开井口刷螺纹，在井口刷内螺纹时，握牢钢丝刷。

6）不准从钻台上往下甩钻杆护丝，应将钻杆提丝与护丝连在一起，从坡道滑下。

2.3 下油层套管

2.3.1 准备工作

准备好套管吊卡、手工具、套管扶正器、灌钻井液管线。

2.3.2 基本操作规范

1）待井架工操作小绞车上提套管单根至钻台面时，与内钳工配合将套管送入小鼠洞；取下绳套或摘开单根吊卡，拉绳套或单根吊卡顺着坡道滑下。

2）套管下放至距转盘面 2m 时，站好位置，和内钳工配合，准备好空吊卡，待负荷吊卡坐于转盘后，右手取出吊卡销，双手握住吊环，在司钻刹车时拉出吊环，扣上空吊卡，插好保险销。

3）司钻上提游车高出井口套管内接头，待司钻刹车后与内钳工配合拉空吊卡至小鼠洞，扣上鼠洞内套管，关好吊卡活门。

4）司钻上提套管单根出小鼠洞后，卸下护丝，配合内钳工将套管单根平稳的送至井口，司钻下放游车，确保对扣一次成功，防止顿扣。

5）待套管队人员紧扣后，司钻上提游车刹车，按下套管设计要求，配合内钳工装好套管扶正器，配合内钳工打开吊卡并移出转盘面。

6）下套管过程中，配合其他工作人员，做好灌钻井液工作。

2.3.3　安全注意事项

1）与内钳工密切配合，同时推拉吊环，一次挂入吊卡耳内，立即插入吊卡销。

2）与内钳工配合对扣一次成功。

3）井口操作时不能挡住司钻视线。

4）在井口使用手工具时，要拴保险绳或盖好井口，防止井口落物。

5）注意观察指重表显示情况，有异常及时提醒司钻。

6）套管护丝不得随便往钻台下面甩，应由适当强度的棕绳穿好，用气动（液压）绞车放至钻台下面。

2.3.4　操作B型大钳

特殊情况下使用B型大钳、外钳，按以下程序操作：

1）身子向右倾，左手抓钳头把手，右手抓钳柄把手，左弓右蹬，双手向钻具接头猛推大钳，待钻具接头进入钳口后，左手用力打上大钳（卸扣时，外钳打在下面，上扣时，内钳打在下面）。

2）左手拉钳框，右手推钳柄，右腿弓，左腿蹬，推紧大钳，绷紧钳尾绳，待自动猫头用力，大钳咬紧后避开危险区。

3）松紧扣后，右手推钳柄，左手打开钳框，推开外钳，稳住钳子。

场地工基本操作规范

1　岗位操作主要内容

1）钻具、套管入井前检查、清洁、记录，钻具、套管上钻台时上紧提丝、护丝及挂好绳套。

2）振动筛启动与运转。

3）填写好工程班报表、钻具记录，搞好值班房、场地清洁卫生。

2 基本操作规范

2.1 钻具、套管入井前检查、清洁、记录，钻具、套管上钻台时上紧提丝、护丝及挂绳套。

2.1.1 准备工作

1）准备好撬杠、钢丝刷、棉纱。

2）准备好钻具、套管的各种尺寸提丝或绳套及护丝。

2.1.2 基本操作规范

1）检查、清洁钻具、套管螺纹，检查螺纹、台肩磨损情况及本体是否弯曲。

2）检查钻具水眼，确保水眼畅通，套管水眼必须用相应规格的通径规进行通径检查。

3）凡不合格钻具、套管均明显标识，分开排放并向工程技术员和地质工汇报，不合格钻具、套管不得入井。

4）钻具、套管排列整齐，编写序号，丈量尺寸并做好记录。

5）钻具、套管上钻台前上紧提丝，或挂牢绳套，戴好护丝，按序号入井。

6）挂好吊钩，发出起吊信号，目送钻具、套管上钻台。

2.1.3 安全注意事项

1）排放钻具、套管时应注意防止砸伤、挤伤。

2）钻具、套管上钻台前挂好绳套后应锁紧吊钩安全装置，待站在安全位置后再向钻台发出起吊信号。

3）不准用柴油清洗钻具及套管螺纹。

2.2 振动筛启动与运转

2.2.1 准备工作

1）检查筛布是否完好，紧固牢靠。

2）检查振动筛各部位固定情况，检查电动机接线、皮带松紧程度及护罩固定情况。

3）盘转振动筛，检查运转有无卡滞，检查黄油嘴及保养情况。

2.2.2　基本操作规范

1）分2～3次合闸，启动电动机并检查电动机及振动筛是否运转正常，有异常时应停机检查。

2）正常使用时检查振动筛偏心轴轴承温度及除砂效果和返砂情况。

3）正常钻进时注意观察钻井液循环情况，及时清砂，防止跑钻井液。

2.2.3　安全注意事项

1）不允许有钻井液流过时启动振动筛。

2）严禁带湿手套操作电源开关，防止触电伤害。

3）筛布要保持清洁，不准用铁锹刮泥沙，严禁在筛布上放重物和站人。

4）天然气井、硫化氢井及井涌等施工时要防中毒、防着火。

2.2.4　其他工作

1）使用大门绷绳前，认真检查绷绳固定是否牢靠，滑轮是否灵活，使用绷绳时与钻台密切配合，待绷绳切实挂牢，大门前无人通过时，指挥钻台将钻杆或其他重物绷下。

2）消防器材确保随时可以投入使用，做到“三定一挂”管理。

3）班报表、钻具记录填写及时、准确、字迹整洁。

4）工具齐备，值班房清洁，井场规格，爬犁物品摆放整齐。

钻井液工基本操作规范

1　岗位操作主要内容

1）测量钻井液性能。

2）钻井液净化设备的启动及运转。

3）钻井液维护。

2 基本操作规范

2.1 测量钻井液性能

2.1.1 准备工作

1）校准、调整好钻井液密度计、马氏漏斗粘度计、中压失水仪、六速旋转粘度计、含砂量测定仪、固相含量测定仪、实验用钻井液搅拌器、膨润土含量测定仪，准备好各种必备的分析用玻璃器皿及试剂等。

2）钻井液净化设施处于良好的工作状态。

2.1.2 基本操作规范

1）测量密度：

（1）将密度计底座放置至水平面上，用量杯量取钻井液，测量并记录钻井液密度。

（2）在密度计的样品杯中注满钻井液，盖上杯盖，慢慢拧动压紧，为使样品杯中无气泡，必须使过量的钻井液从杯盖的小孔中流出。

（3）用手指压住杯盖小孔，洗净擦干样品杯外部，把密度计的刀口放在底座的刀垫上，移动游码，直至平稳（水平泡位于中央）。

（4）读出游码左侧所示的刻度，即为钻井液密度。

（5）倒掉钻井液，将仪器洗净，擦干备用。

2）测量马氏漏斗粘度：

取待测钻井液，通过筛网注入漏斗内，至钻井液水平面到筛网底面为止，此时刚好为 1500mL。记录钻井液从漏斗流出至流满 946mL 刻度杯所用时间（秒），即为钻井液的马氏漏斗粘度。

3）测量中压滤失量和 pH 值：

（1）用食指堵住洗净的钻井液杯气流小孔，装入适量钻井液

（离杯口 0.5cm），依次放入密封圈、滤纸，拧紧钻井液杯盖，悬挂在三通接头上，并卡好挂架和量筒，关闭放空阀，微调减压阀手柄，使压力指示为 0.7MPa，滴液开始记录时间，7.5min 或 30min 取下量筒，记录滤失量后退出手柄，将减压阀关死，顺时针转动放空阀，待钻井液杯中剩余气体排尽后，取下钻井液杯打开杯盖取出泥饼，测量其厚度，将钻井液杯洗净擦干备用。

（2）计量滤失量及泥饼，若测定时间为 30min，滤失量和泥饼为直读数，若测定时间为 7.5min，则滤失量和泥饼均乘以 2。

（3）pH 值测定：将 pH 试纸浸在滤液中使之变色，拿出与标准颜色相比，读出 pH 值。

4）含砂量的测定：

将待测钻井液注入含砂量管中至“钻井液”刻度线处（25mL），再注水至“水”刻度线处，用手盖住含砂量管口，将钻井液和水摇匀后，摇荡过筛，再用清水洗净，然后把筛框倒置在含砂量管上，用水将不能通过 200 目筛网的砂子冲到含砂量管里静置，待不再有下落物时，直读含砂量的百分数。

5）钻井液固相含量分析：

（1）打开蒸馏器，放平钻井液杯，将待测钻井液倒入杯内（注意：不要渗出）。

（2）将钻井液杯盖放置杯口，让多余的钻井液从盖子上的小孔溢出，擦净溢出的钻井液（此时杯内钻井液体积为 20mL）。

（3）轻轻拿起杯盖，并滑动盖子，将粘附在盖子上面的钻井液刮回到钻井液杯中。

（4）向钻井液中加入 2～3 滴消泡剂，将钻井液杯与套筒相接。

（5）将加热棒旋紧在套筒上部，将蒸馏器的引流管插入冷凝器孔内，放一量筒于冷凝器液体出口处。

（6）将电线接头与加热棒连接后，接通电源进行蒸馏，并记下时间，直至钻井液蒸干，不再有液体流出时（一般需 20～40min），切断电源，进行冷却。

（7）记录量筒中收集的油、水体积。

（8）冷却后，打开钻井液杯，用刮刀刮净钻井液杯、加热棒及套筒上的固相成分，并用天平称取固体物的质量。

（9）各成分的计算：

①钻井液中水的体积百分含量：$V_{水}$ = 收集水的体积数 × 5

②钻井液中油的体积百分含量：$V_{油}$ = 收集油的体积数 × 5

③钻井液中固相的体积百分含量：$V_{固} = 100 - V_{水} - V_{油}$

④钻井液中固相质量（g/L）$V_{固}$ = 称取固相质量数 × 50

6）膨润土含量的测定——亚甲基蓝试验（MBT）：

（1）用不带针头的注射器量取 1mL（或相当于消耗 2～10mL 亚甲基蓝试剂的量）钻井液，加入 15mL，3%的双氧水溶液和 0.5mL 稀硫酸（1∶5），缓缓煮沸 10min（不要蒸干），然后用蒸馏水稀释至 50mL。

（2）用每升含 3.74g 亚甲基蓝（分析纯）的溶液（1mL≈0.01mg 当量）进行滴定，每滴入 0.5mL 亚甲基蓝溶液后旋摇 30s，在固体悬浮的状态下用搅棒转移一滴液体放在滤纸上，观察在染色固体斑点周围是否出现绿、蓝色圈时，摇荡三角瓶 2min，再放一滴在滤纸上，若色圈仍不消时，表明已达滴至终点；若色圈消失，则应继续前述操作，直到摇荡 2min 后滴液中染色固体斑点周围的绿、蓝色圈不消失为止。记录所耗亚甲基蓝溶液的毫升数。

（3）钻井液中膨润土含量的计算：

钻井液中膨润土含量(g/L) = 14.3 × 消耗亚甲蓝溶液毫升数

7）钻井液流变性的测定方法（六速旋转粘度计操作规范）：

（1）检查电源、电路是否畅通，仪器是否运转正常。

（2）将搅拌好的钻井液倒入样品杯后放置在仪器的样品杯托

架上，调节高度使钻井液的液面正好在转筒的测量线处。

（3）六个转速的转数排列必须清楚：开关向前为 600，6，200 这一组转速，向后则为 300，3，100 这一组转速，中间为停机。

（4）将转速调至 600r/min，待读值稳定后读数并记录，依次将转速调至 300r/min，200r/min，100r/min，6 r/min，3r/min，待读值稳定后读数并记录。

（5）必须熟记各计算公式。

（6）静切力实验在 600r/min 下搅拌 1min，并静止 10min 后，在 3r/min 下读数并记录最大值除以 2，即为初切；再在 600r/min 下搅拌 1min，并静止 10min 后在 3r/min 转速下读数并记录最大值除以 2，即为终切。

（7）实验完成后将仪器擦试干净，放回原位，切断电源。

2. 1. 3　安全注意事项

1）仪器、玻璃器皿应轻拿轻放，防止损坏及伤人。

2）用电仪器要有保护接地（接零）措施，防止漏电伤害。

3）钻井液性能测量必须做到正确使用，读数准确真实，及时记录。

4）测量完将仪器清洗干净并擦干，放回原位；用电仪器切断电源。

2. 2　钻井液净化设备启动及运转

2. 2. 1　真空除气器

1）启动前检查进、排液管是否均在钻井液中，否则无法工作，将真空泵上的进水软管与清水供水泵接通，待真空泵中灌满水后再行启动。

2）启动时应先确认电动机转向与皮带护罩上的箭头标记一致，绝对禁止反向运转；启动时打开气水分离器上的丝堵，给气水分离器充水，待水从溢流口流出时旋上丝堵。

3）工作环境温度高于30℃时要随时查看真空表，当真空度小于0.3MPa时，应保持泵内水温不超过45℃。

4）使用完毕后应用清水冲洗真空罐内的转子及吸入管，气体收集室和泡沫分离器，并清除异物，检查零部件有无损坏。

5）冬季使用后应及时排出气体分离器及泵内积水，以防冻裂。

6）主轴承按要求保养，保持清洁。

2.2.2 除砂清洁器、除泥清洁器

1）启用前检查砂泵油标油量、油质、小振动筛电动机的接线是否符合要求，小振动筛转盘是否正常，闸门是否正确开启。

2）先启动小振动筛，再启动除砂泵，检查除砂泵排出压力是否符合要求，检查除砂效果，并检查旋流器有无漏液现象。

3）停用时先停除砂泵，再停小振动筛，并用清水冲洗。

2.2.3 离心机

1）启动前应检查接线是否正确，主、辅电动机转向是否符合箭头指向，并盘转滚筒，检查是否转动灵活，检查离合器油量、油质。

2）先打开清水阀门，用清水浸泡滚筒一段时间再开辅机，稍作运转后，启动主机，然后启动供液泵。

3）运转时经常检查各轴承温度和出砂口除砂状况，以待及时调整处理量。

4）停机时应先停供液泵，打开清水阀门冲洗滚筒，干净后再停主机，最后停辅机。

2.2.4 搅拌器

1）使用前检查电动机接线是否符合要求。

2）检查油位、油质及黄油嘴。

3）使用时经常检查运转状况。

2.2.5 安全注意事项

1）启动钻井液净化设备时，不准带湿手套按启动钮，防止触电伤害。

2）修理钻井液净化设备时，首先要切断电源，再关进液阀门。

3）钻井液净化设备各部连接、固定牢靠，定期检查振动部件。

4）净化设备使用完后，要认真清洗干净，保证下次启动正常使用。

5）所有防爆电动机要接好保护接地（接零）措施。

2.3　钻井液维护

2.3.1　准备工作

1）检查各钻井液循环罐、净化设备和加重漏斗之间的连接管线、阀门、排放口挡板及钻井液槽完好无损，固定牢靠，不漏钻井液。

2）各净化设备齐全、完好、固定牢靠，运转正常。

3）各循环罐上的搅拌器、钻井液枪要固定牢靠，运转正常。

4）人行道及栏杆应齐全、固定牢靠。

5）所有电气设备的保护接地（接零）措施应完好。

2.3.2　基本操作规范

1）按钻井液施工设计要求，确定钻井液性能，搞好四级净化工作，保证满足地层要求和钻井施工的顺利进行。

2）按井深情况定时测量钻井液性能：浅井段每小时测量一次密度、粘度，每班测量一次性能；中深井与深井段每半小时测量一次密度、粘度，每4h测量一次全性能，每天测量一次高温高压失水与泥饼摩擦系数；探井应每100m进行一次滤液六项离子分析；特殊井应根据设计要求测量。

3）钻井过程中及时维护处理钻井液，使其满足设计要求，保持稳定、良好的流变性能，降低起下钻过程中的激动压力和抽吸压力。

4）进入高压油气层前，逐渐加重钻井液，使其密度达到设计要求（钻开油层所采用的钻井液密度应加 0.05～0.10g/cm^3，气层附加 0.07～0.15 g/cm^3）。

5）钻井中观察并记录钻井液循环系统面，起钻记录灌入的钻井液数量，下钻观察井口钻井液返出情况及数量。

2.3.3 安全注意事项

1）配钻井液时，材料应均匀地倒入混合漏斗，不要整袋割开后全部倒进去。

2）使用化学试剂或钻井液添加剂处理钻井液时，应按规定穿戴上合适的劳动保护用品。

3）钻井液循环罐、储备罐上应有洗眼溶液。

4）钻井液循环罐上的开口在不用时，必须用铁板等能承受住 200kg 重物盖好。

5）所有电气设备必须有保护接地（接零）措施，禁止戴湿手套操作电源开关，罐区应有充足的照明。

机电工基本操作规范

1 ZJ40L 钻机

1.1 岗位操作主要内容

1）对柴油机启动、运转、停车进行操作及检查、维护保养。

2）对液力变矩器、并车传动箱、独立机泵组的运转与停车进行操作及检查、维护保养。

3）对气控系统的正常运行进行检查、维护保养。

4）填写好机房动力设备班报表，搞好机房卫生。

1.2 基本操作规范

1.2.1 柴油机

1.2.1.1　启动前准备工作

1）检查油底壳、调速器、喷油泵油位、油质、柴油箱油位、保证供油系统畅通、排除空气。

2）检查启动电动机电路或气路系统、冷却水管线、油管线等安装与连接是否符合要求，防止漏电、漏气、漏水、漏油和捆、绑、吊。

3）检查手动或气动预供油泵供油是否符合要求。

4）检查防爆、防超速等安全保护装置复位情况与可靠性；盘车两圈以上转动正常。

5）冬季按要求换油和使用防冻液，启动前对机油、冷却水预热。

6）沙漠、高原地区作业，沙尘天气时要有防沙尘措施。

7）检查喷油泵齿条、停车手柄、油压低自动停车手柄是否活动自如。

8）检查风扇皮带数量、松紧度和风扇耦合器油质、油量。

1.2.1.2　启动、运转

1）启动按钮应速按速放，启动电动机连续运转最长不超过10s，启动最多不超过5次，每次间隔不少于1min，启动不着时应仔细检查原因并排除故障后再启动，严禁长时间使用电动机，更不允许以车带车启动。

2）启动后稳定在600r/min的转速下检查排烟、声音、排气支管温度、摇臂上油情况等，然后提速到900r/min左右预热，并检查油位、水位及水箱返水情况。

3）当机油温度达到45℃、水温达到55℃、机油压力达到0.5～0.8MPa后逐渐提高转速至1300r/min左右（1500r/min柴油机，其他速度柴油机提至合适转速）挂负荷运行，挂负荷应分三次合离合器；严禁猛增、猛减油门或突然停车，禁止超负荷运转，以防蹩灭柴油机。

4）柴油机并车时两车转速应保持一致，相差不超过40～50r/min。

5）负荷运转中应经常检查水温、水位、油压、油位是否符合要求，禁止运转过程中用冷水冲洗柴油机及水温过高时向冷却水箱内直接加冷却水。

6）新机按出厂要求确定是否磨合及磨合时间，初次使用不宜满负荷运转，严禁超负荷运转。

1.2.1.3 停车

1）临时停车：应对柴油机全面检查后，先去负荷，中速运转，待水温、油温降至60℃左右停车。

2）紧急停车：遇到突发事故或现象时进行紧急停车后应盘车，用预供油泵供油，避免柴油机损坏。

3）长期停车应按封存规定进行。

1.2.1.4 维护保养

按照保养要求进行日保养、一级技术保养、二级技术保养。

1.2.2 传动系统

1.2.2.1 液力变矩器

1）液力变矩器油位、油质、油温及油压符合要求。

2）根据负荷大小，及时调整背压，使变矩器在高效区运转。

3）严禁长时间空载运转，无输出时严禁挂合并车离合器。

1.2.2.2 并车传动箱（或联动机）、独立机泵组传动装置

1）检查各轴承温度、润滑情况。

2）检查传动装置油池油量、油质、油温、油泵供油情况及油压。

3）离合器分三次挂合。

4）并车前挂合齿式离合器时应停止后挂合，以防打坏离合器齿。

5）皮带传动时，皮带轮与皮带间无油污，以防打滑。

1.2.2.3 维护保养

按照保养要求进行日保养、一级技术保养、二级技术保养。

1.2.3 气控系统

1.2.3.1 自动压风机

1）检查压力表、油位、安全阀、止回阀、调压阀。

2）检查离合器、皮带、黄油嘴。

3）按要求进行维护保养，沙尘天气有防沙尘措施。

1.2.3.2 空气处理及气路

1）气水分离器、储气罐、压力表、排污阀、安全阀齐全、灵敏、准确，每班放水不少于四次。

2）气路无堵、漏，气压正常。

3）冬季采取防冻措施。

1.2.4 安全注意事项

1）劳保穿戴齐全、规范，其他防护用品，如防噪音耳塞、防粉尘口罩、防中毒面具等配备齐全。

2）设备所有旋转部件护罩必须齐全，固定牢固。

3）在柴油机周围工作时不得穿肥大衣服。

4）禁止将抹布、工具等杂物放在柴油机上。

5）柴油机、燃油箱、蓄电池周围不得吸烟或动火，不准堆放易燃、易爆物。

6）柴油机运转过程中应避免接触排气管、增压器的吸入管、高温管路、冷却液与润滑油。

7）使用乙二醇、防锈剂、软化剂、保护油、脱脂剂、电解液等化学物质时应有防护措施，以防中毒。

8）运转时检查冷却液面应缓慢卸下散热器盖，防止高温液体溅出伤人。

9）柴油机曲轴箱呼吸器附近不可长时间站人，防止有毒、有害气体伤人。

10）保养、调整、修理柴油机、变速箱、传动装置等设备时必须停机。

11）为保证设备安全，对设备启动、运转、停机必须做全面检查。

12）调速器拉杆拆掉时，决不允许启动柴油机。

13）柴油机修后启动，应做好熄火准备，以防飞车或其他意外情况发生。

14）对控制电路做任何工作前必须停机，并切断主开关或去掉蓄电池负极。

15）柴油机及气动马达应安装消音设备，防止噪音污染。

16）各化学废液、废油应集中收集、保存、销毁，废水集中处理，防止污染土壤。

17）各剩余化学药剂及其包装袋（桶）、垃圾应妥善收集、处理。

18）特殊环境下，如大雨、大雪、大雾、沙尘等恶劣天气及冬季作业，应保证人身安全，维护设备安全；井涌、井喷时配合钻台操作柴油机，必要时必须迅速撤至安全区。

2 ZJ20K 撬装钻机

2.1 岗位操作主要内容

1）对柴油机启动、运转、停车进行操作，检查，维护保养。

2）对阿里森传动箱、并车传动箱、独立机泵组的运转与停车进行检查、维护保养。

3）对气控系统的正常运行进行检查、维护保养。

4）填写好机房动力运转、保养记录，搞好机房清洁卫生。

2.2 基本操作规范

2.2.1 卡特柴油机

2.2.1.1 启动前检查与准备

1）检查机体有无漏油、漏水。

2）检查曲轴箱油位，保持油面在油尺上“加”（ADD）和“满”（FULL）两记号之间。

3）检查传动部分的油位。

4）检查柴油机水箱冷却液面，应保持冷却液面在加注口底面，冷却液必须是合格的防冻防锈液。

5）检查燃油箱油位。

6）打开燃油供给阀，有必要时排除空气。

7）检查蓄电池电压、电解液液面及接线柱。

2.2.1.2　启动与运转

1）将变速箱置空挡，打开主电路开关，检查电路有无故障。

2）将启动开关置“启动”位置，若 30s 内无法启动，将开关置“停止”位置，待启动电动机冷却 2min 后方可再次启动。

3）如果环境温度较低，可使用辅助启动装置或加热曲轴箱。

4）柴油机启动后应怠速运转 3～5min 使水温上升。

5）检查油压应在启动后 15s 内达到正常值，否则应停机检查原因，油压不正常时不得施加负载或加速。

6）使柴油机低负荷运转进行“暖机”，并检查所有仪表是否指示正常。

7）柴油机正常运转和使用时要使转速保持在合理范围内。

8）负荷运转中，经常检查油压、水温、水位，油压、水温不在正常范围时应查明原因，必要时立即停车，并盘车检查。

2.2.1.3　停机

1）将柴油机转速降低一半运转 3～5min，以冷却柴油机。

2）降低转速至怠速空转，检查曲轴箱油位。

3）停机。紧急情况下停车时应立即盘车，待水温、油温降至 60℃时方可停止，避免粘缸。

2.2.2　190 型柴油机

2.2.2.1　启动前检查与准备

1）检查油底壳、调速器、喷油泵油位、油质、燃油箱油位、保证供油系统畅通，排除空气。

2）检查喷油泵齿条、停车手柄、油压低自动停车手柄是否活动自如。

3）检查启动电动机电路或气路系统、冷却水管线、油管线等安装与连接是否符合要求，防止漏电、漏气、漏水、漏油和捆、绑、吊。

4）检查手动或气动预供油泵供油是否符合要求。

5）检查风扇皮带及松紧情况。

6）检查防爆、防超速等安全保护装置复位情况与可靠性；盘车两圈以上且转动正常。

7）冬季按要求换油和使用防冻液，启动前对机油、冷却水预热。

8）在沙漠、高原地区作业，遇沙尘天气时要有防沙尘措施。

2.2.2.2 启动与正常运转

1）启动按钮应速按速放，启动电动机连续运转最长不超过10s，启动最多不超过五次，每次间隔不少于1min，启动不着时应仔细检查原因并排除故障后再启动，严禁长时间使用电动机，更不允许以车带车启动。

2）启动后稳定在600r/min的转速下检查排烟、声音、排气支管温度、摇臂上油情况等，然后提速到900r/min左右预热，并检查油位、水位及水箱返水情况。

3）机油温度达到45℃、水温达到55℃，机油压力达到0.5～0.8MPa后逐渐提高转速至1300r/min左右（1500r/mim柴油机，其他速度柴油机提至合适转速）挂负荷运行，挂负荷应分三次合离合器；严禁猛增、猛减油门或突然停车，禁止超负荷运转而蹩灭柴油机。

4）柴油机并车时两车转速应保持一致，相差不超过40～

50r/min。

5）负荷运转中应经常检查水温、水位、油压，油位是否符合要求，禁止运转过程中用冷水冲洗柴油机及水温过高时向冷却水箱内直接加冷却水。

6）新机按出厂要求确定是否磨合及磨合时间，初次使用不宜满负荷运转，严禁超负荷运转。

2.2.2.3　停车

1）临时停车时，应对柴油机全面检查后，先去负荷，中速运转，待水温、油温降至60℃左右停车。

2）紧急停车，遇到突发事故或现象时进行紧急停车后应立即盘车，用预供油泵供油，避免柴油机损坏。

3）长期停车应按封存规定进行。

2.2.2.4　维护保养

按照保养要求进行日保养、一级技术保养、二级技术保养。

2.2.3　传动系统

2.2.3.1　阿里森传动箱

1）油位、油质、油温、油压符合要求。

2）运转无异响，换挡灵活可靠。

2.2.3.2　并车传动箱、独立机泵组传动

1）检查各轴承温度、润滑情况及油池、油量、油质、油温、油泵供油情况。

2）气胎离合器分三次挂合。

3）并车前挂挡时应停止后挂合，以防打坏离合器齿。

4）皮带传动时，皮带轮与皮带间无油污，以防打滑。

2.2.3.3　维护保养

按照保养要求进行日保养、一级技术保养、二级技术保养。

2.2.4　气控系统

1）检查压风机压力表、油位、安全阀、止回阀、调压阀。

2）检查皮带数量、松紧是否合适。

3）按要求进行维护保养，沙尘天气有防沙尘措施。

4）气水分离器、储气罐、压力表、安全阀、排污阀齐全、灵敏、准确，排污阀每班放水不少于四次。

5）气路无堵、漏，气压正常。

6）冬季采取防冻措施。

2.2.5 安全注意事项

1）劳保穿戴齐全、规范，其他防护用品，如防噪音耳塞、防粉尘口罩、防中毒面具等配备齐全。

2）设备所有旋转部件护罩必须齐全，固定牢固。

3）在柴油机周围工作时不得穿肥大衣服。

4）禁止将抹布、工具等杂物放在柴油机上。

5）柴油机、燃油箱、蓄电池周围不得吸烟或动火，不准堆放易燃、易爆物。

6）柴油机运转过程中应避免接触排气管、增压器的吸入管、高温管路、冷却液与润滑油。

7）使用乙二醇、防锈剂、软化剂、保护油、脱脂剂、电解液等化学物质时应有防护措施，以防中毒。

8）运转时检查冷却液面，应缓慢卸下散热器盖，以防止高温液体溅出伤人。

9）柴油机曲轴箱呼吸器附近不可长时间站人，防止有毒、有害气体伤人。

10）保养、调整、修理柴油机及变速箱、传动装置时必须停机。

11）为保证设备安全，对设备启动、运转、停机必须做全面检查。

12）调速器拉杆拆掉时，决不允许启动柴油机。

13）柴油机修后启动，应做好熄火准备，以防止飞车或其他意外情况发生。

14）对控制电路做任何工作前必须停机，并切断主开关或去掉蓄电池负极。

15）柴油机及气动马达应安装消音设备，防止噪音污染。

16）各化学废液、废油应集中收集、保存、销毁，废水集中处理，防止污染土壤。

17）各剩余化学药剂及其包装袋（桶）、垃圾应妥善收集、处理。

18）特殊环境下，如大雨、大雪、大雾、沙尘等恶劣天气及冬季作业，应保证人身安全，维护设备安全；井涌、井喷时配合钻台操作柴油机，必要时必须迅速撤到安全区。

3 电动钻机

3.1 岗位操作主要内容

1）柴油发电机组启动、运转、停车操作及检查、维护保养。

2）SCR 系统运行操作及检查、维护保养。

3）MCC 柜运行操作及检查。

3.2 基本操作规范

3.2.1 柴油发电机组、SCR 系统运行操作

3.2.1.1 启动柴油机

1）启动前检查、准备工作：

（1）检查机体有无漏油、漏水。

（2）检查曲轴箱油位，保持油平面在油尺上“加”（ADD）和“满”（FULL）两记号之间。

（3）检查传动部分的油位。

（4）检查柴油机水箱冷却液面，应保持在加注口底面，冷却液必须是合格防冻防锈液。

（5）检查燃油箱油位。

（6）打开燃油供给阀，有必要时排除空气。

（7）检查进气切断熄火阀门是否处在“运转”（RUN）位置。

（8）检查所有管路是否固定，接头是否松脱。

（9）电启动应检查蓄电池电压、电解液液面及接线柱；气启动应检查气源压力和气马达油杯油面是否符合要求。

（10）检查发电机断路器是否处于“断开”位置。

2）启动与运转：

（1）将变速杆置空挡位置，按发电机控制单元上柴油机“怠速”（IDLE）按钮。

（2）按下“启动”按钮，若10s内无法启动，将开关置“停止”位置，应盘车10s，以清除气缸内燃油。

（3）如果环境温度较低，可使用辅助启动装置或加热曲轴箱。

（4）柴油机启动后应怠速运转3～5min使水温上升。

（5）检查油压应在启动后15s内达到正常值，否则应停机检查原因，油压不正常时不得施加负载或加速。

（6）检查所有仪表是否指示正常，油压、水温不在正常范围时应立即查明原因，必要时立即停车并盘车检查。

（7）适当“暖机”后按下发电机控制单元上“满速”按钮，将柴油机提速到正常运转速度。

（8）检查柴油机运转是否平稳，水温、油温、排烟、声音等有无异常。

3.2.1.2 第一台发电机上线操作

1）按下发电机控制单元上“发电”按钮，将发电机组处于发电状态。

2）将同期控制单元上的同步开关置于待上线发电机位置。

3）检查电压，转动电压调节旋钮，使电压为600V。

4）检查频率，转动频率调节旋钮，使电压频率为50Hz。

5）闭合发电机断路器，手动操作的断路器要对断路器合闸机构进行储能操作。

3.2.1.3 发电机同步操作

1）按“启动柴油机”操作，启动柴油机并调整到“发电”状态。

2）调整发电机输出电压到600V。

3）闭合发电机断路器，要对手动操作的断路器进行储能操作。

4）调节发电机频率，使其稍高于50Hz；观察同步指示器指针和同步灯变化情况。

5）当同步指示器指针处于垂直位置、同步灯熄灭时，按下“接通”按钮，接通断路器。

3.2.1.4 负荷分配调整

1）无功功率分配调整：旋转各上线发电机的电压调节旋钮，使其千乏表显示一个相同值，使所有发电机获得最大的功率输出。

2）有功功率分配调整：控制组件能自动平衡发电机功率输出，当系统驱动负荷时，要确保所有在线发电机的“kW”表读数的相互差值在50kW范围之内。

3.2.1.5 辅助设备接通操作

1）闭合馈电断路器，接通交流电源，向配电变压器和电动机控制中心供电。

2）闭合电动机控制中心的有关设备的断路器，接通各用电设备。

3）对于具有“HAND—OFF—AUTO”（手动—断开—自动）标识的断路器，接通设备时要将断路器置于“AUTO”位置（以便由司钻台自动操作）。

4）对于并励直流电动机，需接通磁场电源柜内的磁场电源；

串励直流电动机不需要单独的磁场电源。

3.2.1.6 接通 SCR 单元操作

1）闭合 SCR 单元断路器。

2）SCR ON 接通指示灯亮，表明该 SCR 单元与交流母线接通。

3）监视 SCR 整流器参数：

（1）直流电压表指示直流电动机的大致转速值。

（2）直流电流表指示直流电动机的大致扭矩值。

3.2.1.7 应急操作

1）在用 SCR 单元发生故障，如过热，SCR 断路器会自动断开，使 SCR 单元与母线脱离；为使钻井作业不中断，可使用备用的 SCR 单元。

2）瞬态交流浪涌抑制保护电路指示灯不亮时应尽快进行检修。

3）皮带轮打滑指示灯发亮时应检查原因，若钻井泵正常工作时指示灯仍然亮，可通过按复位按钮 3s 进行复位，使灯熄灭。

4）接地检测指示灯和百分比交直流接地表指示接地故障时，应进行仔细检查和排除。

3.2.1.8 停车操作

1）按下 SCR 断路器面板上的 OFF 按钮使 SCR 柜断路器脱开母线，此时 SCR ON 灯熄灭。

2）将发电机断路器脱开母线。

3）按下柴油机的“怠速”（IDLE）按钮。

4）检查曲轴箱油位，怠速运转 5min，柴油机冷却后停机。

5）紧急情况下停车时应立即盘车，待水、油温降至 60℃方可停止，避免粘缸。

3.2.2 MCC 柜运行操作

3.2.2.1 运行前检查

1）检查柜面有无损坏，柜内是否干燥清洁，抽屉推拉是否灵活轻便，有无卡阻和碰撞。

2）电器元件的操作机构是否灵活，无卡滞或操作力过大现象。

3）主要电器主辅触点的通断应可靠准确；抽屉结构的动静触头的中心线应一致，触头接地应紧密，联锁装置应动作正确，闭锁或接锁均应可靠。

4）抽屉与柜体的接地触头应接触紧密，当抽屉插入时抽屉的接地触头应比主触头先接地，拉出时程序相反。

5）仪表的刻度整定、互感器的变比及极性正确无误。

6）熔断器的熔芯规格应符合工程设计要求。

7）继电器保护的整定值应正确，动作可靠。

8）用 1000MΩ 表测量绝缘电阻，其阻值不得小于 1MΩ。

9）各母线的连接应良好，绝缘支撑件、安装件及其他附件安装应牢靠。

3.2.2.2 运行操作

1）启动：

（1）电动机控制中心的所有控制开关都应置于“断开”位置。

（2）确保所有启动器单元的抽屉能够推到终端位置。注意：抽屉的操作手柄在合闸位置时，抽屉不能推拉。

（3）闭合变压器断路器，给 MCC 母线供电。

（4）将抽屉手柄置于“接通”位置，使单元断路器闭合。

（5）启动冷却风机用 HOA（手动—断开—自动）开关在正常情况下置于“A”（自动），在试验或故障情况下置于“H”（手动），电动机启动。

（6）按下 3WRC（3 线遥控）启动器的远程启动按钮，直流电动机直接启动运转，指示灯亮。

2）运行检查：

1）检查各负荷线路中的短路保护及过负荷保护断路器。

2）检查电流大小及过载保护热继电器工作状态。

3）检查电源电压大小及线路失压保护工作状态。

3.2.2.3 停止

1）将 HOA 开关置于“0”（断开）位置，冷却风机断电停转。

2）按下 3WRC 启动器停止按钮或按下远控停止按钮，电动机停转。

3.2.3 气控系统

1）检查压风机压力表、油位、安全阀、止回阀、调压阀。

2）检查皮带数量、松紧是否合适。

3）按要求进行维护保养，沙尘天气应有防沙尘措施。

4）干燥器、储气罐、压力表、安全阀、排污阀齐全、灵敏、准确，排污阀每班放水不少于四次。

5）气路无堵、漏，气压正常，正常工作时打气时间正常。

6）冬季采取防冻措施。

3.2.4 安全注意事项

1）劳保穿戴齐全、规范，其他防护用品，如防噪音耳塞、防粉尘口罩、防中毒面具等配备齐全。

2）设备所有旋转部件护罩必须齐全，固定牢固。

3）在柴油机周围工作时不得穿肥大衣服。

4）禁止将抹布、工具等杂物放在柴油机上。

5）柴油机、蓄电池周围不得吸烟或动火，不准堆放易燃、易爆物。

6）柴油机运转过程中应避免接触排气管、增压器的吸入管、高温管路、冷却液与润滑油。

7）使用乙二醇、防锈剂、软化剂、保护油、脱脂剂、电解液等化学物质时应有防护措施，以防中毒。

8）运转时检查冷却液面，应缓慢卸下散热器盖，以防止高温液体溅出伤人。

9）柴油机曲轴箱呼吸器附近不可长时间站人，防止有毒、有害气体伤人。

10）保养、调整、修理柴油机时必须停机。

11）为保证设备安全，对设备启动、运转、停机必须做全面检查。

12）调速器拆掉时，决不允许启动柴油机。

13）柴油机修后启动，应做好熄火准备，以防止飞车或其他意外事故发生。

14）柴油机及气动马达应安装消音设备，防止噪音污染。

15）各化学废液、废油应集中收集、保存、销毁，废水集中处理，防止污染土壤。

16）各剩余化学药剂及其包装袋（桶）、垃圾应妥善收集、处理。

17）SCR（MCC）柜操作、各电器设备操作必须防触电。

18）特殊环境下，如大雨、大雪、大雾、沙尘等恶劣天气及冬季作业，应保证人身安全，维护设备安全；井涌、井喷时配合钻台操作。

机电工助手基本操作规范

1　岗位操作主要内容

1）对发电机、变压器、电动压风机、输油泵的启动、运转、停车进行操作、检查、维护、保养。

2）检查配电柜、供电主线路的工作状态。

3）填写好发电机运转、保养记录，搞好发电房、配电房、

SCR（MCC）房场地和油罐区卫生。

2 基本操作规范

2.1 发电机组（VOLVO发电机组）

2.1.1 启动前检查与准备

1）机油油位、机油液面应位于油标尺两刻度线之间，而绝不能低于下刻度线。

2）检查冷却液及液位，液位约在加水口盖以下5cm左右。

3）检查散热器、内冷却器是否堵塞。

4）检查空气滤清器阻塞程度。

5）检查燃油量是否充足，打开燃油开关。

6）检查是否漏油、漏水。

7）检查蓄电池电压、电解液及接线情况。

8）关闭发电机输电总开关。

9）沙尘天气时有防沙尘措施。

2.1.2 柴油机的启动

1）带有警报器的柴油机，按下预热按钮并检查控制板的警示灯是否变亮。

2）冷车启动时启动内置电子预热器，预热50s。

3）按启动按钮（不超过40s），启动后放开启动按钮。

4）新车第一次启动时控制器应保证柴油机怠速转动。

5）全面检查柴油机，发现各项功能正常后，将柴油机转速控制在1500r/min。

2.1.3 停机

1）停机之前，允许柴油机无负荷运行几分钟，转速范围为1300～1500r/min。

2）脱开主空气开关。

3）按下停机按钮直到柴油机熄火为止，带有点火开关的柴油机应将开关按钮至停机位置“S”，柴油机熄火后再放开开关

（开关会自动弹回到“O”位置）。

4）长期停机时，应关闭主开关。

2.1.4　维护保养

按照维护保养要求进行保养。

2.2　配电柜

1）检查各仪表是否齐全，灵敏。

2）检查各接线是否正确，接线柱有无松动，禁止乱接线。

3）未实行并车的，倒换发电机时必须在拉下第1台机组闸刀后再合第二台机组闸刀。

4）检查各空气开关是否完整，好用。

5）接地线良好。

6）合闸时应注意电压、电流、功率表变化及柴油机的运转变化情况，发现异常必须及时离闸检查。

2.3　螺杆式空气压缩机

2.3.1　启动前检查与准备

1）启动前检查油位、油质。

2）检查电动机电源线及接地线，接线是否正确牢靠。

3）打开减压阀。

4）打开排污阀排出冷凝水。

5）检查传动皮带松紧度。

6）沙尘天气时有防沙措施。

2.3.2　启动与运转

1）按下启动按钮，压风机开始运转，若不能正常启动，应查清原因后再次启动，若转向不对，应调换电源线。

2）运转时注意各仪表及指示灯是否正常，检查声音是否正常，有无振动及漏油现象。

3）电动机及机房应通风良好，温度符合要求。

4）在高温环境下24h连续运转时，必须在每周内至少要停机 10h 以上再次使用。

5）运转过程中及时排污，并经常检查管线有无泄漏。

6）运转过程中经常检查打气时间和气压变化。

2.3.3 停机

1）停机前应做彻底检查，以待停机后处理。

2）特殊情况下进行紧急停车后，应按下复位按钮。

3）长期停机后按封存要求进行处理。

2.3.4 维护保养

维护保养按要求实施。

2.4 变压器运行操作

2.4.1 运行前检查

1）检查绕组有无开裂，接线端子接头、铁芯、夹紧装置等无损伤和松动。

2）检查有无雨水、灰尘及导电性杂质附着；清扫变压器本体及外壳。

3）检查温度计、接地线等电气接线是否正常。

4）检查风扇的绝缘及接地情况、运转状态。

5）检查绝缘电阻，其阻值应不小于 5MΩ。

2.4.2 运行

1）闭合馈电断路器，接通交流电源，向变压器供电。

2）运转检查：

（1）有无异常声音及振动。

（2）有无焦糊等异常气味。

（3）有无局部过热造成变色。

（4）通风和换气情况是否良好，风扇转向是否正确。

3）日常维护：

按变压器日常维护要求进行维护。

2.5 油罐区

1）严禁烟火，电动机、照明灯及其开关均用防爆、灭弧型，电动机接地线。

2）卸油、打油均应防止跑、冒、漏油污染土壤。

3）启动电动机后应检查流量计是否灵敏、准确。

4）强制滤清器及时清理或更换。

2.6 安全注意事项

1）劳保穿戴齐全、规范，其他防护用品，如安全带、防噪音耳塞、防粉尘口罩、防中毒面具等配备齐全。

2）设备所有旋转部件护罩必须齐全，固定牢固。

3）在柴油机周围工作时不得穿肥大衣服。

4）禁止将抹布、工具等杂物放在柴油机上。

5）柴油机、燃油箱、蓄电池周围不得吸烟或动火，不准堆放易燃、易爆物。

6）柴油机运转过程中应避免接触排气管、增压器的吸入管、高温管路、冷却液与润滑油。

7）使用乙二醇、防锈剂、软化剂、保护油、脱脂剂、电解液等化学物质时应有防护措施，以防中毒。

8）运转时检查冷却液面，应缓慢卸下散热器盖，以防止高温液体溅出伤人。

9）柴油机曲轴箱呼吸器附近不可长时间站人，防止有毒、有害气体伤人；发电机组安装在室内的，应保证通风良好并用管线将废气导出室外。

10）保养、调整、修理柴油机、电动压风机时必须停机。

11）为保证设备安全，对设备启动、运转、停机必须做全面检查。

12）柴油机调速器拉杆拆掉时，决不允许启动柴油机。

13）柴油机、电动压风机修理后启动，应做好停机准备，以防止飞车或其他意外事故发生。

14）对柴油机、电动压风机控制电路做任何工作前必须停机，并切断主开关或去掉蓄电池负极。

15）柴油机及气动马达应安装消音设备，防止噪音污染。

16）各化学废液、废油应集中收集、保存、销毁，废水集中处理，防止污染土壤。

17）各剩余化学药剂及其包装袋（桶）、垃圾应妥善收集、处理。

18）各用电器、发电机房、SCR（MCC）房及宿舍等接地良好。

19）严禁带电作业。

20）检查运行中的变压器时必须防触电。

21）特殊环境下，如大雨、大雪、大雾、沙尘等恶劣天气及冬季作业，应维护设备安全；井涌、井喷时听从指挥，停电或停机。

第四部分

主要作业工序基本操作要求

钻机搬迁、安装

1　ZJ40L 钻机

1.1　钻前施工

1）根据钻机型号，按钻机基础设计图的要求平整井场（井场内无杂物）。

2）井架底座、机房底座、泵底座基础施工时只准挖方，需填方时应采取技术措施。

3）以井眼中心为基准，划出纵向和横向中心线及所有地面设备基础位置线。

4）摆放基础（水泥基础或管排基础或钢木基础）。基础上平面允许水平高度偏差不大于 3mm；井架底座、机房底座下必须摆放同一种类型基础。

5）按设备安装摆放图划出设备安装摆放位置线。

1.2　搬迁

1.2.1　整体搬迁（整拖）

1.2.1.1　整拖条件

1）仅适用于 20m 直线短距离丛式井井位之间移动。

2）有允许整体运移的场地且无不可排除的地面或空中障碍。

3）土壤承载能力不小于 0.45～0.5MPa，否则应采取浇注水泥基础等措施。

4）移动速度 0.05～0.1m/s。

5）环境能见度大于 100m，风力小于五级。

1.2.1.2　整拖前检查与准备

1）新井按基础摆放设计要求摆放基础，并采取合适的防移动措施。

2）甩下钻具、大、小鼠洞，非自拖时大钩用钢丝绳绷紧在底座上。

3）整理、固定钻台面上的钻井工具、仪器、仪表。

4）拆下钻井泵传动装置、高压平管线与泵房管线连接处、高架槽、大门坡道、滑道、安全滑道、梯子及钻台偏房等外围设备。

5）检查井架及底座所有顶杠或拉筋，用直径 127mm 钻杆或直径 139.7mm 套管 2～4 根加固底座顶杠或拉筋。

6）紧固件必须齐全、紧固。

7）牵引拖拉机 1 台，功率不小于 100hp（1hp = 745.700W），自拖井架时不需要拖拉机牵引。

8）滑轮组（可采用 200T 游车 2 台及直径 28.5mm 钢丝绳）1 套，并检查其是否可靠。

9）地锚在底座中心线前方（距离视井场大小及滑轮组钢丝绳长度而定，一般为 20～25m）。

10）地锚应使用长度大于 6m 的预制水泥基础或其他满足施工要求的刚性物；地锚埋深不小于 2m，地锚坑下大上小，上面埋土夯实。

11）地锚绳挂在定滑轮提环上，并检查是否牢靠。

12）左、右底座前端各挂 2 根长度相同，直径为 32mm 钢丝绳套，绳套另一端均挂在动滑轮提环上，整拖大绳活绳端挂接在拖拉机拖钩上，检查绳套是否挂牢。

13）对于自拖，需提出转盘大方瓦并妥善放置，钻台下左右底座中间用两根直径 28.5mm 的钢丝绳套安装一个导向滑轮，且与转盘孔垂直。整拖大绳活绳端穿过起升滑轮至转盘口后挂在大钩上（大钩放到转盘以上合适高度）。

1.2.1.3　整拖

1）启动拖拉机（或柴油机），缓慢前进（或提升），绷紧整拖大绳，并时刻检查整拖大绳是否跳槽及其他意外情况。

2）在指挥员的指挥下，加大拖拉机（或柴油机）油门，以低挡前进（或提升），将底座拖离原井口 50cm 后停下，检查底座及井架有无异常，底座在基础上滑动是否正常。

3）经检查确认一切安全后，即可再次拖动，并时刻检查有无异常。

4）整拖过程中根据新井位标志及时调整整拖方向，使底座按井口纵向中心线方向就位。

5）当底座井口标记距井口中心 100～200mm 时，应放慢速度，使其准确就位。

6）底座就位后应检查就位情况，如井口有偏差，及时校正。

7）井口位置校完后，取下滑轮组、绳套、加固底座的顶杠或拉筋，挖出地锚，清理、平整好场地；安装高架槽、滑道、大门坡道、钻台偏房、梯子、安全滑道、钻井泵、高压平管线、滑道等外围设备。

1.2.2　零散搬迁

1.2.2.1　搬迁准备

1）召开全队职工大会，进行合理分工，明确任务和质量要求，交待注意事项及安全要求。

2）准备好吊装设备的绳套、绑车的铁丝或绳索及其他用具。

3）零散物件归类放入材料房或爬犁并固定牢靠。

4）宿舍内物品应收藏好，需固定的固定，关闭总电源开关。

1.2.2.2　搬迁

1）吊车到井场后，根据所要吊设备的重量停放在合理位置，按规定打好千斤。

2）按照分工，每台吊车为一组，吊装设备及营房等；重设备吊装需两台吊车时，要视吊车吨位配合吊装。

3）设备吊装顺序：

前台底座→绞车大梁（绞车底座）→绞车→人字架→猫绞大

梁→立根盒→转盘及转盘大梁→转盘传动装置→猫头绞车→后台底座→柴油机→游车、大钩→井架→爬犁→材料房→发电房→配电房→油罐→钻台铺台→钻井泵→循环罐→高压管汇→值班房→石粉罐→野营房→其他

1.2.2.3　安全要求

1）吊装、卸车时必须根据设备重量、尺寸选择安全系数高的压制绳套，绳套必须挂牢，起吊时设备上、设备下、起重臂吊装旋转范围内严禁站人。

2）吊装、卸车时必须有专人指挥，严禁盲目蛮干和违章作业。

3）易滚、易滑设备装车时要垫防滚防滑物并捆绑牢靠。

4）超宽、超长、超高设备运输中应采取相应的安全防范措施并做安全标志。

5）拉运设备的货车车厢内严禁乘坐人员。

1.3　设备安装

1.3.1　设备安装顺序　（注：设备安装主要以兰石 ZJ40L_1 钻机为代表，其他不同结构的兰石 ZJ40J 或宝石 ZJ40L 钻机按有关要求执行）

前台底座→转盘及转盘传动装置→猫头绞车→ { 井架→（天车）→游车→大钩→穿钢丝绳；主绞车 }

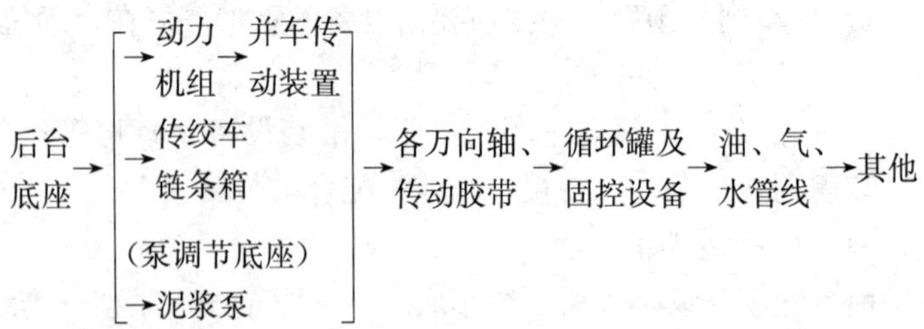

1.3.2　安装步骤及要求

1.3.2.1　安装步骤

1）将前台左右基座，后基座按基础上的划线位置就位，使左右基座的井眼指示牌与横向井眼中心线对齐。

2）依次安装前台底座拉梁、绞车梁、立柱盒梁、左右支架、井架起升三角架、猫头绞车梁、转盘梁、斜撑杆等部件。

3）安装转盘，将转盘快速轴朝向输入方向，对好V型定位块就位后，用螺栓固定。

4）安装转盘传动装置和猫头绞车：将转盘传动装置对好凹凸定位块就位后，用螺栓固定；将猫头绞车对好凹凸定位块就位后，用螺栓固定；安装转盘传动万向轴及猫绞传动万向轴；再安装转盘周围铺板。

5）安装主绞车，将主绞车对好凹凸定位块后，用螺栓固定牢靠。

6）摆放滑道，把游车大钩放在合适位置，销紧大钩保险装置。

7）低位安装井架，左右1～5段按顺序安装，其他附件（如吊钳、液气大钳、气动绞车吊绳、二层台逃生器、登梯助力器绳索、立管及水龙带等）安装齐全，检查井架安装是否符合要求，确保连接销子、剪切销、别针穿牢、穿齐无误后，将井架整体吊起放置于起升支架（高板凳）上，安装二层台并穿好起升大绳，用销子把起升大绳与挂在大钩上的平衡架连接起来，穿好剪刀销及别针；按5×6结构顺穿方式穿好钻井大绳，把活绳头穿过滚筒，用活绳头卡子卡牢，绳头余量不少于200mm，防滑短节卡牢；连接好安装在底座左右支架上的缓冲液缸管线及控制阀；连接好井架灯的线路。

8）安装后台底座。先将2，3号座与前台左右后基座相连，在2，3号座之间装入拉梁，然后再依次安装1，4，5号座。

9）安装动力机组，先将 1 号动力机组对好凹凸定位块就位，靠定位块的一边用压板固定，另一边在压板螺栓槽内先放入螺栓；依此安装 2，3 号动力机组。

10）安装并车传动装置，将并车传动装置在动力机组上对好凹凸定位块就位，用顶丝顶紧，压板固定。

11）安装传绞车链条箱，将传绞车链条箱对好绞车和动力机组上的螺孔就位，用螺栓固定。

12）将泥浆泵调节底座与后台底座顶泵架连接板用销子连接固定好，松开泥浆泵调节丝杆，依次挂皮带并调整松紧度，校正位置后紧固调节丝杆，戴上背帽并上紧，安装固定好传动护罩。

13）安装各处万向轴、传动胶带及护罩、梯子、栏杆。

14）安装固控循环系统、高压管汇、油、气、水管线等，做到平、正、稳、全、牢、密封严密，保证配重水柜里的水量符合起井架要求。

15）发电房就位后，接好各用电设备线路，并检查井架照明系统线路的安装连接情况。

16）检查井架之间、前台底座与主绞车梁、后台底座与拉梁、泵底座、转盘大梁、猫绞大梁等各处主体销子、挡销、别针是否齐全、牢靠。

1.3.2.2　安装要求

1）安装质量应达到“七字”标准和“五不漏”要求。

（1）“七字”标准：平、稳、正、全、牢、灵、通。

（2）五不漏：不漏油、不漏气、不漏水、不漏电、不漏钻井液。

2）安装找正部位找正值，如表 4－1 所示。

表 4—1　安装找正部位找正值

序号	安装找正部位	设计要求	安装步骤
1	转盘开口中心与前台底座转盘梁所标示的井眼中心对中，任意方向允差	≤2mm	3
2	猫头绞车的猫头轴到转盘梁横向井眼中心线水平距离 3369. 27mm，猫头装置纵向井眼中心标记与前台底座猫头绞车梁纵向井眼中心标记对齐允差	± 1. 5mm	4
	猫头绞车转盘传动装置输出法兰与转盘快速轴法兰两端面之水平距离 735mm 允差	± 2mm	
	转盘传动装置输出轴法兰与转盘快速轴法兰两端面之平行度允差（在依次相差 90°的四点测量）	≤1mm	
3	主绞车滚筒轴至左右基座横向井眼中心线水平距离 6000mm，主绞车底座滚筒中心标记与绞车梁纵向井眼中心标记对齐允差	± 1. 5mm	5
	猫头绞车、主绞车上、下角传动箱两法兰轴之同轴度允差	≤3mm	
	猫头绞车、主绞车上、下角传动箱两法兰端面之平行度允差（在依次相差 90°的四点测量）	≤1mm	
4	并车传动装置 1 号机组底座定位角尺轴线基准面至主绞车输入水平中心距 1508. 1mm 允差	± 1. 5mm	10
	并车传动装置 1 号机组底座定位角尺法兰端面基准面与主绞车输入轴法兰端面共面度允差	≤1mm	

续表

序号	安装找正部位	设计要求	安装步骤
5	传绞车链条箱输出与主绞车输入轴，两法兰端面之水平距离 980mm 允差	≤1mm	11
	传绞车链条箱输出轴与主绞车输入轴法兰同轴主允差	≤3mm	
	传绞车链条箱输出轴与主绞车输入轴法兰两端面之平行度允差（在依次相差 90°的四点测量）	≤1mm	
6	泥浆泵输入轴至并车传动装置带泵轴水平中心距 3801.3mm 允差	±1.5mm	12
	泥浆泵输入轴皮带轮与并车传动装置带泵轴皮带轮基面共面度允差	≤2mm	
7	空压机 8 根 C 型胶带配组长度允差	≤6mm	13
	泥浆泵 5 组 4ZV25J－10160 联组窄 V 胶带配组长度允差	≤16mm	
	泥浆泵联组窄 V 型胶带初始张紧程度为：在每组胶带中点，垂直胶带方向施加 800N 的力，胶带下垂度值	61mm	

1.3.3 准备工作及试运转

1）检查各润滑部位润滑是否良好、油量是否充足，柴油机、发电机循环冷却水是否充足。

2）启动电动空压机向储气罐供气，压力达到 1MPa 时停机。

3）检查气控系统密封性，操作各气控阀，检查各气动执行元件的动作是否正常。

4）至少启动两台柴油机，水温 40℃以上，带负荷运转正常后，留一台备用。

5）检查并车传动装置运转、润滑、密封情况、机油压力在0.1～0.3MPa；挂合总车离合器，使绞车传动轴运转，待润滑、密封情况及油压均正常后，挂合中间轴低速离合器，使绞车运转正常无杂音。

6）滚筒排绳，预留大绳（一般预留一层另15圈）必须保证井架起升后，将游车大钩放至钻台面（大钩底部与钻台面接触时）绞车滚筒至少有20圈缠绳量。

7）将死绳在死绳固定器上沿绳槽缠满，用压板压紧，上紧背帽，死绳端加一段相同规格的钻井大绳并用三个与大绳规格相应的绳卡卡牢，作为防滑短节，上齐挡绳杆。

8）用Ⅰ挡车慢慢将死绳拉直，上好死绳护绳器。

9）启动缓冲液缸手柄，使缓冲液缸的活塞完全伸出。

10）组织好起井架前的检查与准备会，明确人员分工和安全操作注意事项，清理井架上一切与起升无关的东西，以免起升时掉下来砸伤操作人员。

11）全面检查井架的试起：绞车用Ⅰ挡间歇挂合低速离合器，逐渐拉紧钻井大绳，使游车离开支撑面100～200mm后刹住；检查钻井大绳穿法是否正确，钻井用索具、钻井大绳的死绳、水龙带等有无挂拉、缠绕现象；检查绞车的刹车情况。经检查无误后，继续起升，当井架离开支架200～300mm时，将绞车刹住，对起升钢丝绳绳端固定、钻井大绳死绳固定、钻机配重、前后台底座、井架的应力部位焊缝、连接销子、起升三角架等关键部位进行承载检查，对天车固定连结件进行重新紧固，停留时间10min左右。若发现问题，应缓慢放下井架到高支架上，并将游车放松到离支撑面100～200mm处，对有问题的部位进行整改。整改后一次挂低速离合器，将井架拉起离支架100～200mm后，将绞车刹住，使井架在此位置停留5min左右，再次检查有无隐患和问题，并进行整改。

12）井架的起升：

（1）起升工作在指挥员的统一指挥下进行，指挥员所处位置必须在刹把操作人员能直接看到并且安全的地方。试起升完毕后，除机房留守人员、刹把操作人员、关键部位观察人员、现场指挥人员外，其他人员和所有施工车辆撤到安全区（正前方距井口不少于 70m，两边距井架两侧 20m）。绞车一次挂合低速离合器，以最低绳速将井架匀速拉起，中途无特殊情况不得刹车。当井架起升到即将与缓冲液缸伸缩杆接触时，操作人员操作刹把刹车，配合液缸收缩，使井架平稳、缓慢就位。

（2）井架起升到位后，先将井架调节丝杆与底座左右支架之间 M56 的球绞连并接螺栓（或其他固定连接方式）上紧，把起升三角架的连接销打掉，向后翻转下去，用销子连接固定好，并把起升大绳固定在井架上。检查游动系统与转盘中心（即井眼中心）的对中性，其对中允差要求在任意方向小于 10mm。

（3）安装好飘台、井架内外铺板、钻台偏房支架，与偏房并定位固定牢靠，钻台偏房支撑架及连接固定销子连接牢固。

（4）装齐钻台栏杆梯子、安全滑道及大门坡道；把高压立管与高压平管连通并固定牢靠。

（5）安装气动绞车并固定牢靠，吊绳用直径 15.9mm 整根钢丝绳，钢丝绳长短合适，死绳端固定牢固。气动绞车吊钩使用 50kN 以上并带有保险装置，吊钩固定牢靠，刹车可靠。

（6）装好绞车及猫头绞车护罩、大绳排绳器等。

（7）安装连接好 B 型吊钳。吊钳绳用直径 12.7mm 整根钢丝绳，用三个相应尺寸的卡子卡牢，用平衡砣将 B 型钳高度调节合适，钳尾绳用直径 22.2mm 钢丝绳固定，三个相应尺寸卡子卡牢，绳卡距离为钢丝绳直径的 6 倍。B 型钳钳尾销、保险销、钳牙上、下止动销、钳头钳框连接销及剪切销齐全规范，钳体及吊柄符合安全使用要求。

(8) 安装液气大钳。吊钳绳用直径 15.9mm 整根钢丝绳，将液气大钳的吊柄与吊绳用三个相应尺寸卡子卡牢，伸缩杆尾端与支点固定牢靠，用吊绳另一活绳端挂好手拉葫芦，把液气大钳吊起。钳牙安装符合要求，上下固定销齐全。

(9) 安装液气大钳的气控与液压系统，试运转正常，气压、油压符合要求。

(10) 安装钻井液高架槽，两头连接固定牢靠，密封良好，坡度不小于 3°，梯子、走道、栏杆齐全完好，符合安全要求，照明设施齐全。

(11) 安装参数仪，位置合适，固定牢靠、防水、防震，传感器与仪表管线、信号线、电源线连接紧密、绝缘。

2　ZJ20K 撬装钻机

2.1　钻前施工

1）根据钻机型号，按钻机基础设计图的要求平整井场（井场内无杂物）。

2）钻机底座、泵底座基础施工时只准挖方，需填方时应采取技术措施。

3）以井眼中心为基准，划出纵向和横向中心线及所有地面设备基础位置线。

4）摆放基础（管排基础或钢木基础）。基础上平面允许水平高度偏差不大于 3mm。

5）根据钻机型号，按设备安装摆放图划出设备安装摆放位置线。

2.2　搬迁

2.2.1　搬迁准备

1）召开全队职工大会，进行合理分工，明确任务和质量要求，交待注意事项及安全要求。

2）准备好吊装设备的绳套、绑车的铁丝或绳索及其他用具。

3）零散物件归类放入材料房或爬犁并固定牢靠。

4）宿舍内物品应收藏好，需固定的固定，关闭总电源开关。

2.2.2 搬迁

1）吊车到井场后指挥其停放在合理位置，按规定打好千斤。

2）按照分工，每台吊车为一组吊装设备。

3）设备吊装顺序：底座→钻台→主机橇→井架→游车大钩→水龙头→钻台附件→起升支架→钻井泵→柴油机→爬犁→材料房→压风机房→发电房→配电房→油罐→→循环罐→高压管汇→值班房→野营房→其他。

2.2.3 安全要求

1）吊装、卸车时必须根据设备重量、尺寸选择安全系数高的压制绳套，绳套必须挂牢，起吊时设备上、设备下、起重臂吊装旋转范围内严禁站人。

2）吊装、卸车时必须有专人指挥，严禁盲目蛮干和违章作业。

3）设备尤其是易滚、易滑设备装车时要垫防滚、防滑物并捆绑牢靠。

4）超宽、超长、超高设备运输中应采取相应的安全防范措施并做安全标志。

5）拉运设备的货车车厢内严禁乘坐人员。

2.3 设备安装

2.3.1 安装

2.3.1.1 安装顺序

底座→钻台→主机橇→井架→游车大钩→钻台附件→起升支架→水龙头→钻井液净化设备→独立机泵组→压风机房→发电机房→配电房→燃油罐→电缆槽架→井场用房→其他

2.3.1.2 安装步骤

1）以井口中心为基准，在两侧基础上距井口 700mm 处各划一条直线。

2）将左右基础座内侧工字钢按所划直线找正，基础座上井口标记对准井口中心后摆放前基础座。

3）连接左右基础座之间的连接杠，将基础座上平面找平，其前后、左右水平度应不大于 2mm。

4）安装上左右基础座的梯子，安装前后钻台，按照 V 型座对应位置进行安装。

5）安装主机橇，按照 V 型座对应位置进行安装。

6）安装上钻台梯子，安全滑道，钻台栏杆等附件。

7）安装井架，将井架平稳地摆放在前、后支架上，穿好销子。

8）安装起升井架用的起升装置及绳索。

9）安装死绳固定器、参数仪、司控箱、刹把连杆、游车大钩。

10）安装油路、气路、循环水路等管线。

11）穿好绞车大绳、液压绞车钢丝绳。

12）安装二层台逃生器、登梯助力器绳索，必要时安装绷绳。

2.3.2　试运转

2.3.2.1　试运转前的检查

1）检查各连接部位销轴、螺栓等是否松动，若有松动，应固定牢固。

2）各机械润滑部位应按照润滑作业的规定要求加注润滑油、润滑脂。

3）检查各工作阀件操作手柄是否在空挡位置。

4）检查所有油、水、气管线，及时更换破损和老化的管线。

5）拔开各阀件及司控箱气源接头，用 0.8MPa 压缩空气通入全系统管线，通气 15min。

6）挂合主油泵。

7）检查所有钢丝绳是否有断股、压扁等现象，若有，应更换。

2.3.2.2 试运转

1）全部试运转工作应由专人负责，统一指挥。

2）按照柴油机使用说明启动柴油机。

3）按照各部件使用说明运转传动箱及传动部件。

4）液、气路试运转：各部位压力表齐全、准确，各阀件完好；当气瓶压力为 0.9MPa 时，运转 30min 压力降不超过 0.1MPa。

5）各阀件、气动元件灵活好用。

6）绞车刹车制动准确、可靠。

7）井架承载销伸缩灵活、一致。

2.3.3 起升井架

2.3.3.1 起升前检查

1）检查所有弹簧垫是否带上，螺栓是否上紧。

2）检查所有构件之间的销子安装是否正确，别针是否穿好。

3）检查各转动部位是否润滑良好。

4）推、拉承载销控制阀，观察承载销是否能灵活伸出和缩回，并确保其能灵活伸出和缩回。

5）清理井架上一切与起升无关的东西，以免起升时掉下来砸伤操作人员。

6）检查井架架体照明设施及线路是否正常。

2.3.3.2 起升井架

1）将井架起放专用人字架及绳索吊至钻台平面，并安装好。将人字架背拉绳两死端用销轴与固定座连好；将井架起放专用钢丝绳死端和背拉绳导向滑轮用销轴连接在人字架上端。再将大钩套环安装在大钩主钩内，并将井架起放专用钢丝绳活端挂牢在大钩的套环内。

2）将 50kN 液压绞车钢丝绳活端缠牢在井架下底部前大腿，准备起升井架。

3）将传动箱挡位置于四挡，压紧刹把，然后缓慢松开。

4）压紧刹把、挂合滚筒离合器，此时刹车和油门应配合好，保证井架按照一定的起升速度缓慢起升。随时调整 50kN 液压绞车，保证钢丝绳处于松弛状态。

5）试升井架：将井架缓慢升起。当井架离开前支架约 300mm 时，停止3～5min，检查各受力部位有无损坏、变形，焊缝有无开裂，检查完后将井架缓缓放回前支架上。如此起升 2～3 次，确认各部分无异常现象后方可起升井架。

6）待井架起升到超过 85°时，应放缓井架起升速度。此时，配合好 50kN 液压绞车，拉紧钢丝绳，直至井架准确直立于钻台面上，断开滚筒离合器，穿上井架支撑销轴。

7）松开 50kN 液压绞车钢丝绳，落下大钩，取下大钩套环，井架起放人字架及专用钢丝绳，将起放人字架及绳索吊下钻台放置于安全处，以备下次使用。

2.3.3.3　井架的伸出操作

1）使大钩位于钻台面以上 1.5m 处。

2）将井架上体伸缩专用钢丝绳挂牢在游车大钩副钩内，挂合滚筒离合器，提升大钩，将井架上体拉伸到超过承载销 100mm 时，刹住滚筒，断开滚筒离合器，推上上体承载销控制阀，确保承载销全部伸出到位，然后缓慢松开刹车，井架上体下落，确认四个承载蹄全部坐牢于承载销上。继续松开刹车，直至大钩落至钻台面以上 1.5m 为止，摘开伸缩上体专用的钢丝绳，置于井架内侧并挂牢。

3）使大钩位于钻台面以上 1.5m 处，准备拉伸出中体。

4）将井架下体司钻侧起升吊杆利用绳索拉出“F”钩，挂合滚筒离合器，提升大钩，井架中体带动上体拉伸到超过承载销100mm时，刹住滚筒，断开主滚筒离合器，推上中体承载销控制阀，确保承载销全部伸出到位，然后缓缓松开刹车，井架中体下落，确认四个承载蹄全部坐牢于承载销上。继续松开刹车，直至大钩落至钻台面以上1.5m为止。摘开伸缩中体专用钢丝绳置于井架两内侧并挂牢。

5）爬上井架，检查承载蹄是否与承载销接合紧密，确认合格后，插上安全销。

6）将承载销控制阀拉回中位，连接好井架上体、中体、下体照明电路的防爆插接件。

2.3.3.4 安装其他附件

1）安装后飘台、水龙头及其他附件。

2）安装好钻台偏房支架与偏房，并定位固定牢靠。

3）安装好上钻台梯子及大门坡道等；连接好高压立管并固定牢靠。

4）安装连接好B型吊钳，吊钳绳用直径12.7mm整根钢丝绳，用三个相应尺寸的卡子卡牢，用平衡砣将B型钳高度调节合适，钳尾绳用直径22.2mm钢丝绳固定，三个相应尺寸卡子卡牢，绳卡距离为钢丝绳直径的6倍。B型钳钳尾销、保险销、钳牙上、下止动销、钳头钳框连接销及剪切销齐全规范，钳体及吊柄符合安全使用要求。

5）安装液气大钳，吊钳绳用直径15.9mm整根钢丝绳，将大钳吊绳用三个相应尺寸卡子卡牢，再用手拉葫芦把液压大钳吊起，伸缩杆尾端与支点固定牢靠。钳牙安装符合要求，上下固定销齐全。

6）安装液气大钳的气控与液压系统，试运转正常，气压、油压符合要求。

7）安装钻井液高架槽，两头连接固定牢靠，密封良好，坡度不小于3°，梯子、走道、栏杆齐全完好，符合安全要求，照明设施齐全。

8）安装参数仪：安装可靠、位置合适、防水、防震，传感器与仪表管线、信号线、电源线连接紧密、绝缘。

3　电动钻机

3.1　钻前施工

1）根据电动钻机（ZJ50D 或 ZJ70D）基础摆放要求平整井场。

2）井架底座、柴油发电机组、钻井泵底座基坑应设置在挖方上，若设置在填方上要进行技术处理；基坑耐压强度应不小于2MPa，基础平面度误差不大于3mm。

3）以井眼中心为基准，划出纵向和横向中心线及所有地面设备基础位置线。

4）按设计基础图要求建造摆放钢筋混凝土基础梁或摆放钢木基础等其他类型的基础。

5）按 ZJ50D 或 ZJ70D 设备安装摆放图划出设备安装摆放位置线。

3.2　搬迁

3.2.1　搬迁准备

1）召开全队职工大会，进行合理分工，明确任务和质量要求，交待注意事项及安全要求。

2）准备好吊装设备的绳套、绑车的铁丝或绳索及其他用具。

3）零散物件归类放入材料房或爬犁并固定牢靠。

4）宿舍内物品应收藏好，需固定的固定，关闭总电源开关。

3.2.2　搬迁

1）吊车到井场后指挥其停放在合理位置，按规定打好千斤。

2）按照分工，每台吊车为一组吊装设备。

3）设备吊装顺序：

前左右基座→后左右基座→起放底座人字架→绞车前、后梁→转盘梁→绞车→绞车动力机组→转盘驱动箱→转盘及万向轴→钻台铺板→井口机械化工具→钻台偏房→起放井架人字架→井架→天车→钻井泵→循环罐→高压管汇→SCR（MCC）房→柴油发电机组→电缆槽→油罐→爬犁→材料房→值班房→石粉罐→野营房→其他

3.2.3 安全要求

1）吊装、卸车时必须根据设备重量、尺寸选择安全系数高的压制绳套，绳套必须挂牢，起吊时设备上、设备下、起重臂吊装旋转范围内严禁站人。

2）吊装、卸车时必须有专人指挥，严禁盲目蛮干和违章作业。

3）易滚、易滑设备装车时要垫防滚防滑物并捆绑牢靠。

4）超宽、超长、超高设备运输中应采取相应的安全防范措施并做安全标志。

5）拉运设备的货车车厢内严禁乘坐人员。

3.3 钻机的安装

3.3.1 钻机主要部件之间的安装顺序（注：设备安装主要以宝石 ZJ70D 钻机为代表，其他不同结构的电动钻机，按有关要求执行）

底座→绞车→转盘→[井架→天车→游车→大钩→穿大绳
SCR（MCC）房→柴油发电机组→钻井泵→电缆槽]→起升

井架→起升底座→[坡道→猫道
滑道→提升机]→校正井口→固控循环系统→其他

注意：在保证安全、场地允许的情况下，方括号以外的辅助

设备可以交叉安装。

3.3.2 安装步骤及要求

3.3.2.1 钻台区部分

1）底座的安装：

（1）安装前先清掉底座各构件销孔中的尘土等杂物，涂上黄油。

（2）基础铺设经检查合格后，应依据已划好的基座安装摆放位置线和井口位置线，按左、右前基座上井口中心标志摆放左、右前基座后，再安装左、右后基座。

（3）安装左、右基座之间的连接架、连接梁及斜撑杆。

（4）安装前、后立柱及斜立柱下端。

（5）安装左、右人字架和安装台。

（6）安装左、右上座，首先安装缓冲装置，然后将前、后立柱上端与左、右上座相连。

2）安装钻台面：

（1）将钻具立柱台、绞车前梁（储气罐）、支架与左、右上座相连。

（2）将绞车后梁分别与绞车前梁和（储气罐）支架相连。

（3）将转盘梁分别与钻具立柱台和绞车前梁相连。

（4）将前铺台分别与左、右上座和钻具立柱台相连。

（5）将斜立柱的上端分别与钻具立柱台和绞车前梁相连。

（6）安装导轨、手拉单轨小车和手拉葫芦。

（7）安装井架腿处左、右铺台、液压猫头支架、储气罐。

（8）穿起升大绳。

（9）安装（井架）调节支座、斜梯、支房架、（转盘驱动箱）横梁和支架。

（10）待绞车和转盘安装找正后，除立柱台处左、右铺台外（在底座起升后安装），将其他铺台均安装就位。

注意：除后台梯子外，坡道、梯子、安全滑道及上固控罐梯子等均在底座起升后安装。

3）绞车传动的安装：

（1）将绞车主体安装在钻机底座绞车前梁上，按定位块位置就位后，紧固与绞车前梁连接的八条螺栓。

（2）将绞车动力机组安装在钻机底座绞车后梁上，将内外锥与绞车主体定位后，紧固与绞车主体的法兰连接螺栓和与绞车后梁连接的八条螺栓。

（3）将转盘驱动箱按已焊在绞车主体的定位块位置就位，并紧固与绞车主体的法兰连接螺栓，上好压紧装置，同时将翻转箱置于工作位置并上好压紧装置。

（4）连接好输入链条和带转盘驱动箱的链条，应保证两两链轮在同一平面内，安装误差不大于 2mm。

4）转盘与万向轴的安装：将转盘吊放在转盘梁上后用八个销子固定，连接转盘驱动箱与转盘之间的万向轴，应保证万向轴两法兰端面平行，误差不大于 1mm，万向轴倾斜角不大于 3°～5°。

5）井架的安装：

（1）安装前需对井架构件进行外观检查，有损坏的应修复或更换，各导绳滑轮应能用手转动。

（2）安装井架起升人字架：先分别将左、右人字架安装就位，再装好横梁；如果吊车吨位大，最好在地面组装人字架，整体起吊就位。

（3）摆好井架安装低支架，分别将井架左、右第一段与第二段在地面连接好后，整体起吊，安装在底座上。

（4）井架安装遵循先下后上，先主体后附件的顺序（套管扶正台待井架立起后再装）。

（5）交替移动低支架，装好井架主体、天车及附件（如吊钳、液气大钳、气动绞车吊绳、二层台逃生器、登梯助力器绳索、水龙带及天车附件）后，再利用高支架将井架支起安装二层平台（包括两台 0.5t 气动绞车）。

（6）连接销穿入后应穿上别针，螺栓连接处是单螺母的应有弹簧垫圈。

6）滑道平放在底座中心线上，距底座前端 1m 左右，把游车、大钩摆放在滑道上，挂好起升平衡滑轮，锁紧大钩保险装置，穿好起升大绳；天车与游车的钻井大绳以顺穿方式穿绳。

7）钻台偏房的安装（1，2 号偏房及遮阳棚）：

（1）将钻台偏房Ⅰ吊装到底座左支房架上，将钻台偏房Ⅱ吊装到底座右支房架上。

（2）安装遮阳棚及支撑立柱。

8）井口机械化工具的安装：

（1）将液压站吊装到钻台偏房Ⅰ的前部（液压盘刹液压站放置在后部），液压套管钳亦放置在该处备用。

（2）液气大钳固定在井架下方预定位置。

（3）分别将上、卸扣液压猫头与底座的支架连接好。

（4）连接液压管线，应保证紧固、牢靠。

9）安装司钻防护栏，钻台上装 5t 气动绞车。

10）安装钻井参数仪位置合适、固定牢靠、防水、防震，传感器与仪表管线、信号线、电源线连接紧密、绝缘。

11）安装气控系统。

3.3.2.2　动力及控制区部分

1）按设备位置摆放线首先摆好 SCR（MCC）房以便柴油发电机组的就位安装。

2）按设备位置摆放线摆放 1 号柴油发电机房。

3）依次摆放 2 号、3 号、4 号柴油发电机房，并连接机组之间柴油机进、回油管线及供气管线和气源净化设备之间的连接管线。

4）安装柴油机消声器，将房子之间的防雨板搭接好。

5）将折叠式管线槽一端与 SCR 房摆好，另一端与钻机底座连接好。

3.3.2.3 泵房区部分

1）按设备位置摆放线，将泥浆泵组就位。

2）安装高压管汇及钻井泵吸入管。

3.3.2.4 固控区部分

按固控系统安装图将固控罐就位。

1）按设备位置摆放线先摆放好 1 号罐（1 号罐距井口 16m），依次摆放其他各罐。

2）摆放绞车冷却水罐、套装水罐。

3.3.2.5 油罐区部分

将柴油罐、三油品罐就位。

3.3.2.6 井场油、水、电的连接

1）油、水管线的连接。

2）井场交流供电系统。

3）电气传动控制系统。

3.3.2.7 井架、底座起升后安装的部分

1）排绳器。

2）井控装置。

3）安全滑梯。

4）液压升降机。

5）坡道梯子。

6）滑道、爬犁与钻杆排放架。

7）高架槽及防溢管（喇叭口）。

8）上循环罐梯子。

9）水龙头。

3.3.2.8　钻机安装后的检查

1）应严格按照钻机井场布置要求位置尺寸摆放安装。

2）四台柴油发电机组就位后应形成一个整体机房，机房之间搭接严密、整齐，油、水、气、电连接管线排列整齐，固定牢靠。

3）SCR（MCC）房就位后，进管线槽的电缆及连接发电机组的电缆应整齐美观、牢固可靠。

4）所有管线应排列整齐、连接正确。

5）电气系统全部安装就位后，对线路应进行全面检查，应安全、美观、整齐；电线、开关和灯具应固定牢靠，且具有防爆功能。

6）供油、供水、供气管线应走向合理、整齐。

7）井架、底座销子和别针应齐全，栏杆与插座应安装可靠；所有辅助滑轮应装好安全绳或安全链。

3.3.3　钻机试运转

3.3.3.1　试运转前的准备工作

1）各润滑点按规定加注足够的润滑油脂。

2）各设备按规定加注润滑油、燃油、液压油及冷却水。

3）清理设备附近的杂物，检查各护罩固定情况及各管线连接、电缆密封等是否正确可靠。

4）按各设备使用说明书要求进行运转前的检查。

3.3.3.2　柴油发电机组试运转

1）启动辅助发电机组。

2）启动电动螺杆压缩机组，检查运转是否正常。

3）检查柴油机供气管线及发电机组与SCR（MCC）房动力、控制电缆连接情况，确认无误后当储气瓶气压达到0.8MPa时分别启动Ⅰ、Ⅱ、Ⅲ、Ⅳ号柴油发电机组并调试到工作状态（50Hz，600V），检查运转情况是否正常。

4）检查机组并网后运转及并网装置指示是否正常。

3.3.3.3 SCR（MCC）房

1）检查SCR（MCC）房与直流电动机、司钻电控箱、脚踏开关、电磁刹车、照明系统、固控系统等用电设备动力、控制电缆连接是否符合要求，各开关均应处在断开位置。

2）柴油发电机组向SCR（MCC）房送电，检查各功能开关、显示表，确保指示、显示正确，参数符合要求。

3）分区供电：

（1）向司钻电控台及绞车直流电动机送电，检查各指示灯及开关，将绞车A，B电动机及冷却风机单机试运转，检查电动机转向。

（2）向钻井泵直流电动机送电，分别启动1号、2号钻井泵的A，B电动机与冷却风机，单机试运转，检查转向及运转情况。

（3）向气源净化装置电动螺杆压缩机组送电，检查各指示灯及开关情况。

（4）向各照明点送电，检查照明灯具工作情况。

（5）向电磁涡流刹车系统送电，检查工作情况。

①风冷式：检查冷却风机的转向及运转情况。

②水冷式：检查冷却水泵的转向及运转情况。

（6）向井口机械工具液压站送电并启动电动机，检查转向及运转情况。

（7）向固控系统送电，检查转向及运转情况。

（8）向油、水罐送电，检查转向及运转情况。

（9）向其他各用电设备送电，检查工作情况。

（10）向盘刹液压源送电并启动电动机，检查转向及运转情况。

3.3.3.4 气源净化设备

1）分别启动Ⅰ、Ⅱ号电动螺杆压缩机组并按其说明书要求调试到工作状态。

2）检查气源净化设备工作情况，不得有漏气、漏油现象。

3.3.3.5 带刹车或液压盘式刹车

1）带刹车：

（1）检查刹车系统连接是否牢靠、灵活好用。

（2）检查刹把高低位是否合适，平衡梁左右间隙相等。

2）液压盘式刹车：

（1）检查并确保管线、电缆连接正确、牢靠。

（2）检查操作是否灵活好用，工作是否正常，刹车是否可靠。

3.3.3.6 电磁涡流刹车

1）检查并确保各电缆连接正确、可靠。

2）操作司钻控制开关，检查电磁涡流刹车工作电压、电流是否正常。

3.3.3.7 绞车试运转

1）检查并确保护罩装配齐全、管线连接正确、牢靠，各润滑点应加注足量的润滑油脂。

2）打开底座储气罐上的球阀给绞车供气。

3）分别操作司钻台上的各控制阀件，检查阀件逻辑关系是否正确，各动作是否准确，刹车是否灵活可靠。

4）挡位为空挡：

（1）启动A电动机，速度调到1100r/min，机油润滑压力应在0.25～0.35MPa，检查各供油点情况，调整各供油点节流阀，保证润滑充分，油量合适。

（2）A，B电动机同时运转，分别用手轮和脚踏开关进行电动机加、减速调节，检查供油、运行情况；A，B电动机断电，检查惯刹效果。

5）分别挂合Ⅰ、Ⅱ挡，启动电动机检查：

（1）绞车运转无磨、碰、蹭、干涉等现象。

（2）机油压力应稳定，润滑应良好。

（3）分别挂合滚筒高、低速转盘离合器，检查运转及刹车情况（盘式刹车前应先启动盘刹液压源）。

6）绞车运转应符合以下要求：

（1）各操作准确、灵活。

（2）各部位密封良好，不得有渗、漏油现象。

（3）润滑油压稳定，润滑点油量适宜。

（4）运转平稳，无异常振动和响声。

（5）各部位轴承温升正常。

3.3.3.8 钻井泵试运转

1）启动电动机，检查钻井泵运转及润滑油压是否正常。

2）检查喷淋泵运转及供水是否正常。

3）检查钻井泵运转状况。

3.3.3.9 井口机械化工具的调试

1）检查并确保管线连接正确、牢靠。

2）分别对液压猫头、液气大钳、套管钳进行调试，确保动作准确灵活。

3.3.3.10 钻井仪表的调试

1）检查传感器安装是否合适，电缆、管线连接是否正确。

2）按要求和规定对各显示器、指示表进行调校。

3.4 井架与底座起升

3.4.1 井架起升

3.4.1.1 起升前检查准备工作

1）把活绳头穿入滚筒，上紧活绳头卡子，绳头余量不少于200mm，卡牢防滑短节。

2）滚筒预留大绳（一般预留两层另15圈）必须保证井架起

升后，将游车大钩放至钻台面（大钩底部与钻台面接触时）绞车滚筒至少有30圈缠绳量。

3）将死绳固定在死绳固定器上沿绳槽缠满，用压板压紧，上紧背帽，死绳端加一段相同规格的钻井大绳并用三个与大绳规格相应的绳卡卡牢，作为防滑短节，上齐防跳杆。

4）井架工全面检查井架各部位连接销及别针和各种绳索是否安装正确，井架有无异物，保证起升井架安全。

5）用Ⅰ挡车慢慢将死绳拉直，上好死绳护绳器。

6）启动缓冲液缸手柄，使缓冲液缸的活塞完全伸出。

7）组织好起井架前的检查与准备会，明确人员分工、安全操作注意事项，井架两边20m内除指挥和察看人员外禁止站人。

8）全面检查井架的试起：绞车用Ⅰ挡间歇挂合离合器，逐渐拉紧钻井大绳，使游车离开支撑面100～200mm后刹住；检查钻井大绳穿法是否正确，钻井用索具、钻井大绳的死绳、水龙带等有无挂拉、缠绕现象；检查绞车的刹车情况。经检查无误后，继续起升，当井架离开支架200～300mm时，将绞车刹住，对起升钢丝绳绳端固定、钻井大绳死绳固定、钻机配重、前后台底座、井架的应力部位焊缝、连接销子、起升三角架等关键部位进行承载检查，对天车固定联结件进行重新紧固，停留时间10min左右。若发现问题，应缓慢放下井架到高支架上，并将游车放松到离支撑面100～200mm处，对有问题的部位进行整改。整改后一次挂离合器，将井架拉起离支架100～200mm后，将绞车刹住，使井架在此位置停留5min左右，再次检查有无问题隐患并进行整改。

3.4.1.2　井架的起升

1）起升工作在指挥员的统一指挥下进行，指挥员所处位置必须在刹把操作人员能直接看到并且安全的地方。试起升完毕后，除机房留守人员、刹把操作人员，关键部位观察人员、现场指挥人员外，其他人员和所有施工车辆撤到安全区（正前方距井口不少于 70m，两边距井架两侧 20m）。绞车一次挂合离合器，以最低绳速将井架匀速拉起，中途无特殊情况不得刹车。当井架起升到即将与缓冲液缸伸缩杆接触时，操作人员操作刹把刹车，配合液缸收缩，使井架平稳、缓慢就位。

2）井架起升到位后，用四个“U”型卡子固定好，并把起升大绳固定在井架上。

3.4.2　底座起升

3.4.2.1　底座起升前准备工作

1）将起升支架挂在大钩上。

2）向起升系统的各滑轮内加注 7011 低温极压润滑脂，直至油脂从滑轮端溢出。

3）检查起升时旋转的构件有无卡阻观象。

4）检查起升时旋转的构件销轴是否涂 7011 低温极压润滑脂。

3.4.2.2　人字架起升

利用绞车的动力将人字架拉起，待人字架起升到工作位置时，在人字架前腿的下端打入销轴并穿上别针。

3.4.2.3　底座起升

人字架固定完成后，用绞车继续拉动游车即可将底座拉起。在底座起升过程中使缓冲油缸活塞杆伸出约 600mm 长，当底座起升到工作位置时，在人字架前腿上端与上座间穿入销轴和别针。

注意：底座起升时要求速度缓慢平稳，并应随时注意指重表的变化。如果在起升中间指重表读数突然增加或底座构件间出现干涉等异常现象，应停止起升，将底座放下，仔细检查，排除故障后方可再次起升。

3.4.2.4　井架调试找正

1）井架左右方向调校，通过井架支脚处千斤顶及垫板来进行。

2）井架前后方向调校，通过人字架上端顶丝来进行（理论位置时，顶丝头应伸出销紧螺母端面 125mm）。

3）校正后的井架正面和侧面均应保证天车中心对转盘中心偏差不大于 10mm。

3.4.3　其他设备安装

1）安装好其余的铺板、安全滑道、梯子及大门坡道等；连接好高压立管并固定牢靠。

2）安装气动绞车并固定牢靠，钢丝绳长短合适，死绳端固定牢固，气动绞车吊钩使用拉力在 50kN 以上并带有保险装置，吊钩固定牢靠，气动绞车刹车可靠。

3）安装连接好 B 型吊钳，吊钳绳用直径 12.7mm 整根钢丝绳，用三个相应尺寸的卡子卡牢，用平衡砣将 B 型钳高度调节合适，钳尾绳用直径 22.2mm 钢丝绳固定，三个相应尺寸卡子卡牢，绳卡距离为钢丝绳直径的 6 倍。B 型钳钳尾销、保险销、钳牙上、下止动销、钳头钳框连接销及剪切销齐完全规范，钳体及吊柄符合安全使用要求。

4）安装连接好液气大钳，吊钳绳用直径 15.9mm 整根钢丝绳，将大钳吊绳用三个相应尺寸卡子卡牢，用手拉葫芦把液气大钳吊起，伸缩杆尾端与支点固定牢靠。钳牙安装符合要求，上下固定销齐全。

5）安装液气大钳的气控与液压系统，试运转正常，气压、油压符合要求。

6）安装钻井液高架槽，两头连接固定牢靠，密封良好，坡度不小于 3°，梯子、走道、栏杆齐全完好，符合安全要求，照明设施齐全。

7）安装液压升降机，固定牢靠，试运转正常。

8）安装套管扶正台，固定牢靠。

钻 井 作 业

1 开钻前准备

1.1 污水池

1）按设计井深、井别、季节特点确定污水池容积。挖掘时应注意泥土堆放规则，不影响放喷管线的安放，并方便完井清罐。

2）挖好一开钻井液循环池、循环沟、排污沟，或挖好方井（圆井），安装好排污泵。

1.2 工具准备

1.2.1 井口工具

1）吊卡不少于三只，其中一只作为备用。

2）不同尺寸的钻杆卡瓦、钻铤卡瓦各两只，其中一只作为备用。

3）钻铤安全卡瓦两只。

4）钻具配合接头，根据钻具结构的需要备全。

5）钻具回压阀两只，方钻杆上下旋塞各一只。

6）钻铤提升短节，根据所用钻铤情况备足。

7）根据一、二、三、四次开钻所用的钻头型号，配备相应的钻头盒子各一只。

8）方补心一套。

9）小补心一只。

10）防喷盒一个。

11）刮泥器两个。

12）钻杆钩子长、短各两个。

1.2.2 手工具

1）大、小榔头各两把。

2）最大开口 45mm 的活动扳手一把，开口、梅花扳手一套，其他专用扳手齐全。

3）相应规格的链钳、管钳各两把。

4）撬杠三根。

5）黄油枪：钻台、机房、泵房各两把。

6）各种型号的螺丝刀各一把。

7）钢锯一把。

1.2.3　专用工具

1）接链器：机房、钻台各一只。

2）钻头喷嘴钳一套，钻头规一个。

3）塞尺、卡尺（内卡、外卡、千分尺）、钢卷尺、钢板尺、接头尺各一把。

4）测斜工具一套，单点测斜仪一套。

5）微机、打印机各一台。

1.2.4　处理井下事故用常备工具

1）外锥、内锥。

2）磨鞋。

3）安全接头。

4）卡瓦打捞筒。

1.3　辅助作业

1.3.1　地面辅助作业

1）挖好圆（或方）井，安装好向井内灌注钻井液的管线。

2）配制足量且符合设计要求的钻井液。

3）平整井场达到标准化。

4）钻具在管架上以内螺纹端摆放排列整齐，用钢丝刷将螺纹刷净并进行检查、丈量和编号，记录清楚，上下钻台带好护丝。

5）各种工具分类摆放，钻井液药品、重晶石等摆放整齐，并下垫上盖。

6）井场废料定点放置整齐。

1.3.2 井口准备

1）装好吊环，拴好保险绳。

2）挂好水龙头，连接好水龙带，并卡牢保险绳。

3）接方钻杆，把方钻杆吊至坡道，使方钻杆内螺纹高于钻台面1m左右，位置居中，司钻启动游车至适当高度，钻台人员相互配合，用人力将水龙头与方钻杆对螺纹，把链钳打在方钻杆上，水龙头下接头上缠好棕绳，一端挂在气动（液压）绞车吊钩上，另一端人工拉好，慢慢启动气动绞车，观察上扣情况，上满扣后取下链钳与棕绳，提起方钻杆。

4）对钻台设备、泥浆泵、泥浆净化设备进行试运转，仔细检查并对存在的问题进行整改。

5）冲、钻、下大鼠洞：

（1）根据施工区域地层情况，选配冲大鼠洞的钻头，接好冲鼠洞钻具下放钻头至圆井或方井底面，开泵，低速启动转盘，均匀送钻，把方钻杆打完，停转盘（注意方钻杆倒扣情况），停泵。

（2）稍提方钻杆，用B型大钳把方钻杆上部螺纹上紧。

（3）上提钻具至钻头高出转盘面，盖好井口，推钻具进入钻台大鼠洞口，下放钻具冲大鼠洞，下放时注意钻头不要碰底座。

（4）大鼠洞管的长度应比方钻杆长出2～3m。

（5）大鼠洞冲、钻好后，立即下入大鼠洞管，鼠洞管的上口一般可高出钻台面10～20cm，并固定牢靠。

6）冲、钻、下小鼠洞：

（1）根据小鼠洞管的规格、长度，确定小鼠洞的冲、钻入深度。

（2）用钻大鼠洞的钻头钻小鼠洞，鼠洞冲、钻好后，立即下入鼠洞管，鼠洞管的上口应与转盘面相平，并固定牢靠。

7）地面高压管线试压：将立管闸门关死，低泵速将压力升到5MPa，观察地面高压管汇、管线的安装情况，试压完毕，将闸门倒好（必须在泵附近用控制泵的气开关操作，并将柴油机转速降至最低工作转速）。

8）根据设计准备好相应尺寸的一开钻头。

2　一次开钻

2.1　一开钻进

1）按钻井工程设计确定一开钻具结构，钻进参数执行设计参数。

2）接好一开钻头，提出转盘大方瓦，下入钻头，钻头进入圆井（或方井）后放好转盘大方瓦，开泵，启动转盘，轻压、慢转。

3）表层套管的沉砂口袋不大于2m。

4）钻完表层井深，调整好钻井液性能，循环两周，测斜起钻。

5）起钻时连续向井内灌满钻井液，钻头出转盘前要提出大方瓦，再上提钻具使钻头过转盘，放好转盘大方瓦。

6）卸钻头，盖好井口。

7）钻具放入立挂盒并拉进立根排放架，挂好保险键，及时锁住挡板，防止立柱出二层台。

8）安全要求：

（1）钻头接触地表要开泵，启动转盘，保证井眼规则，防止下表层套管困难。

（2）卸钻头要按规定要求操作，严防井下落物，卸下后将钻头螺纹、牙轮清洗干净，螺纹涂抹好螺纹脂后妥善存放。

2.2　下表层套管

2.2.1　准备工作

1）钻台上准备与套管相匹配的吊钳（或换钳头）、吊卡。

2）场地上按标准检查每一根表层套管，用标准内径规通好内径，并清洗螺纹，涂好密封脂，带好护丝，丈量套管长度，编好入井序号。

3）准备两根长度 3m，直径 9.5mm 的钢丝绳绳套或直径 25.4mm 棕绳绳套两根，建议使用单根吊卡及专用护丝。

4）至少准备两根直径不小于 25.4mm，长度合适的棕绳作为上扣旋绳。

2.2.2 工作程序

1）用气动（或液压）绞车把套管拉向钻台，内螺纹一端在钻台面以上 1.5m 左右，涂好密封脂。

2）打开大钩制动销。

3）下放大钩，拉吊卡扣在套管上，关牢吊卡活门。

4）起车、上提套管，当套管外螺纹快到钻台平面时慢慢上提，在大门前用直径 25.4mm 的棕绳作为拦绳，把套管平稳送向井口。

5）提起套管，外螺纹离开钻台面 0.5m 时，卸掉外螺纹护丝。

6）套管对接时不错扣，旋绳上扣，双钳紧扣，余扣不得超过 1 扣。

7）下完套管，确保套管居中，调整好钻井液性能，做好表层固井准备。

8）表层固井必须使用联顶节，丈量联入准确。

9）下套管过程中观察泥浆返出情况，如有异常及时采取措施。

2.2.3 安全要求

1）向钻台上拉套管的钢丝绳套必须系好，安全可靠，向钻台上提表层套管时提升要稳，防碰、防滑、防挂、防脱。

2）吊卡必须扣好，套管对扣要正，上扣时严防错扣；装有套管扶正台的井架，扶正人员与拉猫头人员要密切配合。

3）下套管时严防井下落物。

4）按规定要求，向套管内灌满钻井液。

2.3　表层固井

2.3.1　准备工作

1）接好固井水泥头，在吊卡下用垫块，调整好联入。

2）找正表层套管，套管中心和井口中心偏差不大于10mm。

3）接好固井施工管线。

2.3.2　工作程序

1）水泥车开泵顶通钻井液，然后按设计依次注入前置液、水泥浆、后置液。

2）固井后替液量要计算准确，套管内水泥塞高度应符合设计要求。

3）水泥必须返至地面，若未能返出，则要在井口打上水泥帽子。

2.3.3　安全要求

1）替水泥浆时注意井口的水泥浆是否返出，并防止水泥浆灌入大小鼠洞内而造成拔大小鼠洞困难。

2）候凝8h，检查水泥凝固情况。

3）冬季施工，必须做好防冻工作。

3　二次开钻

3.1　高压试运转与防喷设施试压

3.1.1　安装防喷器

3.1.1.1　卸联顶节

稍提游车，取出吊卡下垫块，打开吊卡并移出转盘面，用大钳卸扣，钻台下观察表层套管是否有倒扣现象，待完全松扣后，扣上吊卡提出联顶节，甩下联顶节并妥善存放；用游车提出小鼠洞放在坡道上，用气动（液压）绞车吊着下放于滑道上。

3.1.1.2 安装套管头

用12.7mm钢丝绳绳套将套管头挂好，缓慢吊至井口，卸掉护丝，将螺纹清洗干净并涂好密封脂，人工上扣，用气动（液压）绞车或专用工具紧扣。

3.1.1.3 安装井控设备

1）提出转盘大方瓦，用两根直径22mm的钢丝绳套分别穿过防喷器两侧提环后两端挂在大钩上，气动（液压）绞车吊钩挂在防喷器四通上。

2）在专人指挥下，司钻和气动（液压）绞车操作人员相互配合，将防喷器吊至井口，摘下气动（液压）绞车吊钩，注意防喷器防止碰坏套管头（对于底座装有防喷器吊装滑轨的，应使用滑轨将防喷器缓慢吊起并送至井口进行安装）。

3）将法兰盘密封钢圈槽清洗干净，放好钢圈，调整好防喷器方向，下放防喷器，使底法兰坐于套管头上，穿上所有螺栓并按要求对称紧固。

4）清洗防喷器顶部钢圈槽，放入钢圈后，用气动（液压）绞车吊起井口防溢管（喇叭口）安装在防喷器上并上紧螺栓；安装防喷器保护伞，连接坚固。

5）安装防喷器正反扣调整固定螺栓，螺栓两端钢丝绳套用三个U型卡卡牢，调正防喷器并紧固螺栓。

6）安装内控管线、节流、压井管汇，螺栓必须齐全紧固；压井、放喷管线按要求固定好。

7）安装远控台到防喷器的控制管线、司钻井控操作台控制管线，对防喷器的控制管线进行试压，查看是否渗漏，并及时紧固。

3.1.1.4 其他

安装好小鼠洞、高架槽、灌钻井液管线。

3.1.1.5　安全要求

1）吊装小鼠洞、防喷器必须选择合适的钢丝绳套并挂牢。

2）起吊时要有专人指挥，操作人员相互配合好。

3）起吊时钻台下及井口周围禁止站人；紧固防喷器螺栓时要防止钻台上落物伤人。

3.1.2　高压试运转

3.1.2.1　准备工作

1）选择并安装试压钻头水眼，并通过计算，使之在确定的排量下，达到设计施工中的最高压力。

2）接上高压试运转钻头、钻铤和方钻杆。

3）对钻井泵进行低压循环，待上水正常后，倒好闸门。

3.1.2.2　工作程序

1）开泵达到设计排量和泵压。

2）转盘低速运转，水龙带不摆不跳，试运转平稳后停转盘。

3）高压试运转半小时，钻井泵、地面高压管线、高压管汇、立管、水龙带、泵压表、立压表、循环罐系统做到不漏、不溢、不堵、不跳，发现问题及时整改，直到合格为止。

4）高压试运转合格后，起出钻具，卸下试运转钻头，接、下二开钻具，探水泥塞。

3.1.2.3　安全要求

1）钻台、机房、泵房要统一指挥、相互配合好。

2）试运转开泵时，人员要远离高压区，待钻井泵运转平稳、泵压稳定后，再组织专人对运转设备进行检查，发现问题，停泵后及时整改。

3.1.3　防喷设施试压

3.1.3.1　防喷设施试压

1）提前对远程台储能器打压，闸板（环型）防喷器、管汇压力符合要求。

2）将节流、压井管汇各闸门、防喷器两翼各闸门按要求打开或关闭。

3）测量防喷器半封闸板距转盘面高度，确保半封闸板卡住井口最后一根钻杆的外接头顶部。

4）关半封，观察半封锁紧杆关闭情况。

5）缓慢启动钻井泵或水泥车，按设计要求将压力缓慢升至试压压力，稳压10min，密封部位无渗漏为合格。

6）试压合格后，泄压，倒好各闸门。

7）如试压压力超过15MPa，应按有关要求运行。

3.1.3.2　安全要求

1）远程台专人负责，操作时与钻台密切配合，专人观察防喷器开关情况，用水泥车、堵塞器试压。

2）开泵要缓，防止泵压过高。

3）停泵后，立压和泵压应保持一致。

4）试压时，无关人员应远离高压区。

3.2　二开、三开钻进

3.2.1　钻头的使用

3.2.1.1　牙轮钻头

1）合理选型：正确选择钻头，要清楚现有钻头的结构、特点、作用原理，了解要钻地层的性质（岩性、硬度、塑性系数、抗压强度、孔隙压力、渗透性等），掌握邻井钻头使用情况（钻头记录、磨损情况、钻井成本等），同时还应考虑：

（1）在浅井段，选用机械钻速快的钻头。

（2）在深井段选用进尺多的钻头。

（3）当发现钻头的外排齿磨圆而中间齿磨损较少时，应选用带有保径齿的钻头。

（4）所钻的地层有研磨性较大的岩层时，应考虑用镶齿保径的钻头。

（5）对于易产生井斜的地层，应选用偏移值小，无保径齿且齿多而短的钻头。

（6）选用镶硬质合金齿钻头时要注意：所钻地层页岩占多数时，用楔形齿钻头；钻灰岩地层时，使用抛物体形或双锥形齿钻头；当用高密度钻井液钻井时，使用楔形齿钻头；当所选地层中页岩成分增加或钻井液密度增大时，用偏移值大的钻头；钻灰岩或砂岩地层，选用偏移值小的钻头；钻硬的研磨性灰岩、燧石、石英石时，用无移轴的双锯齿（或球齿）钻头。

2）钻压和转速的使用范围：根据厂家推荐的钻压和转速允许值，结合所钻地层岩性特点，优选钻压和转速。

3）钻头磨损分级标准：

（1）牙齿磨损分级标准：牙齿磨损分为八级，以三个牙轮中磨损最严重的一个作为评定的最终级别；铣齿的划分是以磨损的高度来确定，磨损高度在 1/8 以内为 1 级，磨损高度在 1/8～2/8 范围内为 2 级，依此类推；镶齿的磨损是以崩碎和掉落的齿数和原有总齿数之比来确定，当崩碎和掉落的齿数为总齿数的 1/8 以内时为 1 级，为总齿数的 1/8～2/8 时为 2 级，依此类推共分八级，用 T 代表齿的磨损。

（2）轴承磨损分级：轴承磨损分级是以钻头使用时间与轴承寿命（小时之比）来评定的，轴承磨损分同样为八级，使用时间达到寿命的 1/8 时为 1 级，使用时间为寿命的 1/8～2/8 时为 2 级，依此类推分为八级；轴承的寿命可以用类似地区使用过的同类型钻头记录去估计，也可以对已钻过的井段中所用的同类型钻头的资料进行统计分析得出，轴承磨损用 B 代表，轴承寿命用掉 1/8～2/8 属轻微磨损，用掉 2/8～4/8 属中等磨损，用掉 4/8～6/8 属轴承晃动，用掉 6/8 以上属轴承卡死或弹子有掉落。

（3）钻头直径磨损：用钻头规量出钻头起出后的直径，与其原始直径的差值即为钻头直径磨损值；钻头保持原来直径用 I 代表，直径磨小用O代表。

对钻头的各部分进行分析评价后，可用简单的代号说明：

例：T_2-B_4-I，指牙齿磨损2/8或2/8的镶齿掉落及崩碎，轴承磨损为4级，钻头直径未减小。

T_6-B_6-O，1/2指牙齿磨损掉6/8齿高或镶齿崩碎失掉6/8，轴承晃动，钻头直径磨小1/2in。

3.2.1.2 金刚石钻头

1）天然金刚石钻头：

（1）天然金刚石钻头的合理选型：根据岩性合理选择金刚石钻头工作剖面，有利于提高钻头工作效率，目前经常采用的工作剖面有以下几种：

①双锥阶梯剖面：适用于钻软到中硬的地层，如硬石膏、泥岩、砂岩、灰岩等。

②双锥型剖面：适用较硬和致密的岩石，如较硬的砂岩、石灰岩、白云岩等。

③"B"型剖面：适用于硬地层，如硬砂岩、致密的白云岩。

（2）钻进参数：

①钻压：钻压的确定应考虑地层岩性和水力清洗这两个因素，每次钻压增加时，逐渐加大钻压，不要突然一下增加很大，以防金刚石损坏。

②转速：使用金刚石钻头时转速应尽可能高些。

2）聚晶金刚石复合片钻头（或称PDC钻头）：

（1）PDC钻头可使用较低的钻压，较高的转速；钻头进尺高，单位进尺成本低，适用于钻软到中硬地层。PDC钻头有三种：

①抛物线型：有较大的钻头表面，其外形可使侧向推力集中指向中心，减少井眼方向偏离，有利于克服井斜。

②双锥型：有内锥及外锥，可保持钻头稳定，外锥面较长，不易钻硬夹层或硬地层。

③短锥型：有利于钻穿硬夹层，钻头表面积较小，水力比较集中，清洗较好。

（2）PDC 钻头钻进参数：PDC 钻头适于小钻压、高转速，不仅可用于转盘钻井，而且适用于井下动力钻具。

3）金刚石钻头磨损分级：

（1）切削齿磨损：

①PDC 钻头用复合片被磨去的高度值作为定级依据：

$$M = h_o - h_i$$

式中　M——复合片累计磨损量，mm；

h_o——新钻头复合片高度，mm；

h_i——磨损后复合片高度，mm。

切削齿磨损量用游标卡尺测量。方法是将主尺刀口固定在与复合片磨损处相对应的完好处，移动副尺，紧贴齿顶，读出的数即为磨损后的齿高。

②切削齿分内区齿和外区齿。内区齿是指从钻头中心到 2/3 半径区域内的齿，外区齿是指钻头外侧 1/3 半径区域内的齿。

内区齿磨损计算：

$$M_i = (M_{i1} + M_{i2} + \cdots + M_{in}) / N_i$$

式中　M_i——内区齿平均磨损量，mm；

M_{i1}——内区 1 号齿磨损量，mm；

M_{i2}——内区 2 号齿磨损量，mm；

M_{in}——内区 n 号齿磨损量，mm；

N_i——内区切削齿总数。

外区齿磨损量计算：

$$M_o = (M_{o1} + M_{o2} + \cdots + M_{on}) / N_o$$

式中　M_o——外区齿平均磨损量，mm；

M_{o1}——外区 1 号齿磨损量，mm；

M_{o2}——外区 2 号齿磨损量，mm；

M_{on}——外区 n 号齿磨损量，mm；

N_o——外区切削齿总数。

③内、外区齿磨损分级见表 4－2。

表 4—2　钻头内、外区齿磨损分级表

复合片磨损量 M_i 或 M_o	$0<M_i$ 或 M_o $<1/8h_o$	$1/8h_o<$ M_i 或 M_o $<1/4h_o$	$1/4h_o<$ M_i 或 M_o $<3/8h_o$	$3/8h_o<$ M_i 或 M_o $<1/2h_o$	$1/2h_o<$ M_i 或 M_o $<5/8h_o$	$5/8h_o<$ M_i 或 M_o $<3/4h_o$	$3/4h_o<$ M_i 或 M_o $<7/8h_o$	$7/8h_o<$ M_i 或 M_o $\leqslant h_o$
磨损等级	1	2	3	4	5	6	7	8

（2）钻头直径磨损：用钻头规测量直径，磨损量取整数值表示，单位 mm。

（3）磨损特征示意图，如图 4－1 所示。

3.2.1.3　钻头入井前检查：

1）牙轮钻头检查：

（1）钻头型号、直径、钢印标记与钻头说明书和外包装相符。

（2）钻头胎体焊接无裂缝。

（3）转动牙轮检查轴承，一般新钻头用手不易转动，转动时牙轮无互咬或旷动，轴承间隙合适。

（4）储油密封系统密封完好。

（5）流道畅通（用游标卡尺检查喷嘴直径，喷嘴固定牢靠，符合水力设计要求）。

（6）旧钻头认真检查牙齿、轴承磨损等级，准确测量直径磨

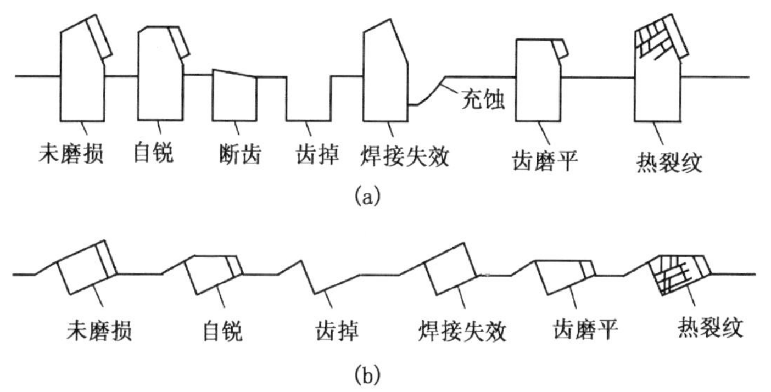

图 4－1　切削齿磨损特征示意图

(a) 插入镶装齿；(b) 粘接柱状齿

损程度，分析该钻头在将钻地层中的使用寿命、机械钻速、合格进尺，比较钻井成本和承担风险，确定是否再次入井。

2）金刚石钻头检查：

(1) 钻头型号、直径、钢印标记与钻头说明书和外包装相符。

(2) 内、外切削齿（复合片）完整，无断齿、掉齿。

(3) 流道畅通（用游标卡尺检查喷嘴直径，喷嘴固定牢靠，符合水力设计要求）。

(4) 旧钻头认真检查内、外区齿磨损级别，钻头直径磨损程度，钻头磨损特征，分析该钻头将钻地层中的使用寿命、机械钻速、合格进尺，比较钻井成本和承担风险，确定是否再次入井。

3.2.2　入井钻具检查

1）入井钻具流道畅通，长度和内、外径测量准确、记录清晰。

2）螺纹清洗干净，无损伤。

3）损伤钻具标识明显。

4）入井扶正器内外径、长度、棱长、棱外径测量准确、记录清晰并画出结构草图，不符合要求的不许入井。

5）入井特殊工具测量、记录后均画出结构草图。

3.3 钻水泥塞

3.3.1 在表层套管内钻水泥塞

用二开时的钻具结构低压、慢转钻完水泥塞，排放掉被污染的钻井液。

3.3.2 在技术套管内钻水泥塞

1）按设计的钻具结构钻水泥塞。

2）下钻过程中要分段循环，钻头到胶塞位置，要调整好钻井液性能，然后加压钻进，钻进参数可采用低压、低转速和适当排量。

3）钻水泥塞时，应防止水泥污染。

4）每钻进 1～2m 水泥塞，提起方钻杆划眼一次；把水泥塞钻完后，应调整钻井液性能，做好钻进准备。

5）根据设计要求，在二、三开钻开套管鞋遇第一个砂层后做地层破裂压力实验，确定破裂压力值。

3.3.3 在油层套管内钻水泥塞

3.3.3.1 工作程序

1）钻具结构：依据油层套管尺寸确定相应钻具结构。

2）钻井泵选用小直径缸套，下钻要分段循环，替换套管内钻井液。

3）遇到水泥塞加压 10～30kN 钻进，每钻进 20～30m 要进行循环清洗，防止蹩泵，直到离胶塞 1～2m，停止钻进；循环清洗好井眼，起出钻具。

4）电测固井质量、试压合格后交井。

3.3.3.2 安全要求

1）操作时要严防井下落物。

2）下钻时要控制速度，特别是“灌香肠”的井，注意水泥塞遇阻。

3）油层套管水泥塞钻完后要充分洗井，防止水泥块在井内沉积，造成其他复杂问题的出现。

4）钻水泥塞易产生蹩钻，要防止扭矩过大，使下部套管倒扣。

5）钻水泥塞时，要采用低转速，防止对套管的破坏。

3.4　钻进操作

1）下钻根据井深、施工情况和所钻地层岩性分段循环，调整好钻井液性能，下钻距井底2～3m开泵循环；校准参数仪并记下泵压和悬重，以便出现异常情况时对比分析。

2）先启动转盘，然后下放钻具直到钻头接触井底，加压20～50kN，修好井底再正常钻进（定向井等有特殊要求的除外）。

3）遇有易斜井段，严格执行防斜措施。

4）遇到硬夹层时，及时调整钻进参数。

5）钻进中发现泵压下降，立即检查地面设备和钻井液性能，若查不出问题，立即组织起钻（起钻时严禁用转盘卸扣，防止钻具落井），并灌好钻井液，检查钻具。

6）当设备发生故障时，尽量循环钻井液，并经常活动钻具，不能循环钻井液和活动钻具时，可下放钻具以悬重的2/3压到井底，使钻具弯曲，和井壁点接触，以防粘卡。定向井在活动钻具时以上下活动为主，每次活动范围大于3m，不允许长时间定点转动钻具，防止钻具疲劳断裂。

7）打开油气层，必须按井控技术规定执行防喷措施，并保护好油气层。

8）使用牙轮钻头钻进：

（1）钻头接触井底后应低速、低钻压磨合半小时左右，再逐渐加至设计钻压钻进。

（2）钻头有跳钻现象，要适当调整钻压和转速。

（3）有蹩钻现象时，要认真分析，及时进行处理。钻头用到后期若发生蹩钻，要立即停止钻进作业，循环好钻井液，组织起钻换钻头。

（4）钻头用到后期出现转盘负荷增大、转动不均匀、打倒车严重、钻速明显下降等现象时应停钻，循环好钻井液，起钻换钻头。

9）使用金刚石钻头钻进：

（1）金刚石钻头接触井底前，要大排量循环钻井液，将井底清洗干净，修好井底后再逐步增加钻压、转速，调至优选值，严禁加压启动钻头。

（2）尽量避免用金刚石钻头划眼。

（3）若钻速突然降低，表明岩层发生变化或钻头损坏，如果返出岩屑未见变化，则应立即起钻。

（4）泵压和扭矩突然升高时，表明钻头工作面上可能出现“O”形槽，影响钻井液从水槽中通过而导致泵压升高，应立即组织起钻。

10）使用 PDC 钻头钻进：

（1）试钻：开始钻进时，低转速，小钻压（20kN 左右），待井眼形成后逐渐加大钻压和转速，选择在最大机械钻速下的钻压和转速钻进。

（2）避免用 PDC 钻头划眼。

（3）钻头用到后期可以适当提高钻压，以保持较高机械钻速。

（4）若钻进中出现机械钻速显著下降、立管压力增高、转盘负荷加重等情况时，排除其他原因后应考虑起钻。

3.5　起下钻要求

3.5.1　起下钻准备

1）准备、检查和保养井口工具、提升短节、吊钳、液气大钳、手工具、刮泥器、小补心等，确保其安全、灵活、可靠；调好灌钻井液管线及闸门；安排坐岗人员。

2）检查防碰天车，确保灵活可靠。

3）检查刹车毂、刹带、辅助刹车等，使用前必须保证冷却水畅通。

4）打开大钩制动销。

5）严防井下落物。

6）环境恶劣时（如大风、大雾、强沙尘、雨雪等），必须采取有效措施，保证安全作业。

3.5.2　起钻

1）根据井下情况和提升负荷合理使用绞车挡位。

2）遇卡上提时不得超过正常悬重 100kN。

3）使用小补心。

4）各岗操作人员必须严格执行岗位操作规范和安全要求，操作要平稳，严禁边起车边挂吊卡，待井口内、外钳工相互配合挂好吊卡，插好吊卡销并锁紧保险装置后方可上提，严防单吊环起钻。

5）井口内、外钳工应仔细检查钻具螺纹、密封端面及本体有无损坏或伤痕，井口人员摘、扣吊卡时，一定要将滚筒刹牢，卸扣时防止磨扣。

6）每起 3 柱钻杆或 1 柱钻铤向井内灌满钻井液。

7）随时注意灌入的钻井液量与起出的钻具体积是否一致，如果不一致，要停止起钻，接方钻杆边循环边观察，防止拔活塞及发生井喷。

8）定向井和特殊工艺井起钻时严格执行有关特殊工艺措施。

9）起完钻后必须全面检查、保养设备。

3.5.3 下钻

1）下钻遇阻不应超过50kN，下钻700m后要挂辅助刹车。

2）必须涂标准螺纹脂，对扣操作要避免顿扣。

3）各岗操作人员必须严格执行岗位操作规范和安全要求，操作要平稳，严禁边起车边挂吊卡。等井口工相互配合挂好吊卡、插好吊卡销并锁紧保险装置后方可上提。

4）控制下放速度，防止突然遇阻或刹车失灵造成顿钻。

5）使用小补心。

6）防止起空车时挂二层台和顶天车。

7）注意井口钻井液返出情况，其返出量与下入的钻具体积相一致。

8）下钻到底开泵循环时要慢，注意立压表和泵压表数值。

9）下钻时发生遇阻、堵水眼、无钻井液返出等复杂情况时应按有关措施执行。

4 钻井取心

4.1 川8－3，川6－3取心工具取心

4.1.1 取心准备工作

4.1.1.1 岩性调查

详细了解邻井和本井取心井段的地层岩性，如砂岩、砾岩、石灰岩及含砾岩程度等情况，以便选择取心钻头类型和制定措施。

4.1.1.2 取心工具准备

钻井技术员应提前向公司调度室申报取心工具，取心前三天工具及附件应送到井场。取心工具及附件有：取心钻头、取心筒、备用岩心总成、定向井取心扶正轴承、卡簧、短钻杆、配合接头及直径32mm钢球。根据取心量确定取心筒、取心钻头、岩心总成及扶正轴承的备用数量。

4.1.1.3 设备检查、保养

取心前要认真检查、保养设备，重点是指重表要灵敏，立压表要准，液气大钳要灵活好用，钻机、钢丝绳（死、活绳头）、转盘、柴油机、钻井泵和各传动链条；离合器工作要有保障。

4.1.1.4 井口工作

取心前及取心施工中，为防止井口落物，起下钻时井口一定安装刮泥器。

4.1.2 取心工具入井前检查组装

1）检查悬挂轴承：应手转灵活，新轴承轴向间隙0.5mm，现场使用磨损后轴向间隙不超过3～4mm，否则不能入井。

2）检查钢球：是否在球座内，如在球座内必须取出。

3）检查岩心爪：川8－3、川6－3取心工具卡箍自由状态内径分别为101mm和67mm，最薄处厚度皆为1.25～1.4mm，卡箍弹性要好，碳化钨刃齿锋利，在卡箍座内能够自由移动，岩心爪卡板要平整光滑，弹簧弹性要好，卡箍座内锥面、卡箍外锥面除锈后清洗干净，涂少许黄油组装在一起。

4）取心筒上下扶正器直径210～212mm。

5）岩心爪总成（单作用或双作用）下端应距钻头内斜坡下端8～15mm，否则用内筒调节环调整间隙。

6）内外筒各连接螺纹涂优质钻杆螺纹脂。

7）内筒及各部分连接螺纹必须用1219.2mm（48in）管钳或链钳加1m长的加力管两人用力上紧，以防倒扣。

8）上卸取心钻头用专用钻头装卸器或用麻袋、草袋包裹在转盘孔内双钳上卸，保护好取心钻头刃齿。

9）取心筒下井前应在井口最后检查一次，悬吊取心筒为自由状态，一手转岩心爪，内筒转动灵活，间隙符合要求才能入井。

4.1.3 取心技术措施

1）钻具组合和取心钻井参数执行钻井工程设计。

2）操作要点：

（1）下钻：取心钻头直径大，工具带扶正器，下钻操作要平稳，不猛刹、猛放，严防顿钻，裸眼井段要控制下钻速度，严防遇阻硬压卡钻，遇阻不超过 50～80kN，经上下活动无效，应及时接方钻杆开泵冲洗活动，仍下不去时可划眼，划眼钻压 10～20kN，Ⅰ挡慢转，划眼时间达 1h（PDC 半小时），或连续划眼井段 20m 仍下不去，要起钻通井，井眼畅通后再下取心工具。

（2）循环钻井液：下钻过程中根据井下情况要分段循环钻井液，下钻到底循环钻井液时间一周以上，并把钻井液性能调整好，同时要调整好刹车系统，校对好指重表，调整好方入（如到底后发现方入有误差应与地质主管人员协商并认可后方能取心），并对运转设备进行全面检查，保证取心作业能顺利进行。循环处理好钻井液后卸方钻杆投球，接方钻杆开泵送球入座即可树心。

（3）树心：树心钻压 10～20kN，Ⅰ挡，进尺 0.2～0.3m，待岩心顺利进到卡箍以上，再逐渐加足钻压进行正常取心。

（4）取心钻进：做到送钻均匀、不溜钻，如遇蹩钻应认真分析，确属地层因素时应上提减压（钻头不离开井底），再慢慢启动转盘，控制钻压 40～60kN 钻进。钻进中必须密切注意泵压和钻时变化，及时分析井下情况，进尺每 0.25m 应记录一次钻时，遇砂泥岩地层时，一般砂岩钻时快，泥岩钻时慢。钻井技术人员现场分析要细心，分析取心钻进是否正常，有无卡心、磨心、堵心现象，当钻时比正常钻时成倍增加时应果断割心起钻。

（5）割心（拔心）：确定割心时刹住刹把，硬地层时原转速转动转盘 10～20min，磨细底部岩心后，低速上提钻具拔断岩心。如果取心过程中钻时很快，拔心前适当循环携砂。川 8－3 型上提拉力不超过 100kN。拔心后严禁下放探心和再次开泵循环，应立即起钻，以防发生掉心。

（6）起钻：起钻平稳操作，不猛刹猛停，防止单吊环起钻，起钻时用液气大钳或旋绳卸扣，按规定灌满钻井液，中途避免接方钻杆循环钻井液。

（7）出岩心：岩心出筒时，地质技术员和钻井技术员必须到现场，需备有钢球取出器专用岩心钳、内筒提环、内筒卡子等；岩心顺序不得错乱，岩心长度要丈量准确，地质、工程数据一致。

4.1.4　注意事项

1）钻进至取心井段时，无论地质是否通知下步取心，钻井技术员应负责落实加压丈量方入工作，记录方入和钻压值后，上提钻具循环钻井液。

2）取心工具送到井场，卸车时，防止摔弯、碰扁。

3）取心工具上下钻台必须带专用护丝或用麻袋、草袋包裹。使用钢丝绳套（川 8－3 工具单筒重 1t 左右）、游车大钩与绷绳配合起吊，专人指挥。

4）取心起下钻过程中严防井口落物。

5）取心前要认真检查设备，保证取心工作连续进行，避免取心中途因修理设备而上提钻具被迫拔断岩心，设备修理好后又继续取心，这种做法极易造成磨心，影响取心收获率。

6）取心前必须调整好方入。

7）为提高取心收获率，砂泥岩取心如果井下正常应尽量提高单筒进尺；破碎灰岩、砾岩等特殊岩性取心应控制单筒进尺。

8）聚晶金刚石取心钻头多次入井使用，钻头底部和锥部切齿、外排复合片严重磨损后会极大地影响取心钻进和取心收获率，要加强使用分析，及时更新。

9）取心工具停用时，钻井技术员负责将内、外筒各连接螺纹清洗干净，涂螺纹脂后组装好，岩心爪等配件清洗干净保养后收入库房，以备下次取心或收回管具公司，防止工具配件丢失。

4.2　绳索式取心

1）绳索式取心主要用于松软地层取心中快速取出岩心。绳索式取心与川 8－3，川 6－3 取心主要不同点在于，绳索式取心工具是利用中筒和外筒两个独立体，中筒可在外筒内上下活动，利用控制接头和控制卡板组保证中筒承座便于提出。当钻具带动外筒和取心钻头对岩心进行环形破碎后，岩心沿钻头内扶正部分经岩心爪进入中筒的半闭合式内筒，割心后，进行打捞，捞住取心筒内的打捞头，上提钢丝绳将取心中筒从钻具内提出，在地面取出中筒内的半闭合式内筒，打开半闭合式内筒出心。当需要继续取心时，只需将准备好的内筒从井口投入到钻具内即可重复取心作业。

2）绳索式取心工具结构如图 4－2 所示。

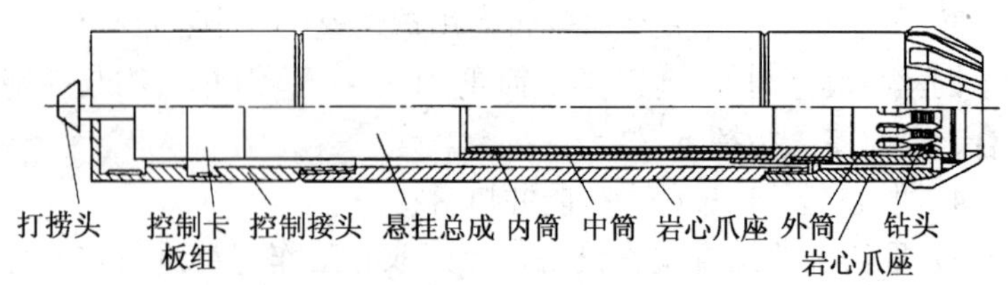

图 4－2　绳式取心工具结构示意图

3）绳索式取心工具使用要求：

（1）使用与原井眼尺寸相同的取心钻头，减少划眼时间。

（2）采用专用钻杆，入井前用内径规通内径。提心时，先低速起出岩心筒，再高速上提，防止提断钢丝绳。

5　定向井施工

5.1　井眼准备

1）一开井眼打直，表层套管下至设计规定深度，固井时套管井口居中。

2）二开后精心操作，防斜打直，按要求测量单点，特殊情况加密测点，保证上直段井斜符合设计要求。

3）钻井液性能稳定，井壁规则，钻完上直段起钻前井眼循环干净，保证定向工具下入顺利。

5.2　工具和仪器准备

1）根据设计要求，认真检查送井的螺杆钻具、弯接头、无磁钻铤、扶正器、短钻铤等钻井工具和其他常规钻具。

2）检查、丈量、记录送井螺杆钻具的长度、内径和外径，保存并填写送井螺杆钻具卡片，记录技术规范。

3）检查、丈量、记录送井弯接头长度、内径、外径、标识度数，内套灵活，定向键牢固，方向正确，并画草图。

4）检查、丈量、记录送井扶正器长度、外径、内径；丈量、记录扶正部位外径、长度，并画草图；扶正部位外径小于设计要求 1mm 不能入井。

5）检查送井无磁钻铤是否磁化，短钻铤长度符合设计要求。

6）落实井口滑轮、打印规、量角器等辅助工具。

7）调试测斜绞车和测斜仪器，单点测斜仪准确好用，外筒无弯曲、磁化，密封完好，螺纹无损伤。

8）检查、落实其他定向井施工所用工具和仪器。

5.3　定向施工井口操作

1）按钻井工程设计组合钻具。

2）螺杆钻具的本体连接不允许卸扣或紧扣，组合螺杆钻具时，大钳只允许咬其上、下内接头部位。

3）螺杆钻具入井前必须在井口试运转，空载压降应达到送井螺杆钻具卡片规定要求，停泵后钻井液应从旁通阀孔口流出。

4）螺杆钻具下入过程中，根据井深情况用低排量分段顶通水眼，井口钻井液返出即停泵，如遇堵水眼开泵不通，严禁转盘带转硬蹩，应立即起钻，通井处理钻井液。井下正常后，螺杆钻具重新在井口试运转再下钻。

5）螺杆钻具下入过程中，避免中途划眼，如遇阻必须划眼，可启动转盘，小排量向下划；划眼段长、困难、时间超过 1h 必须起钻通井。

6）定向钻进时，要锁定转盘，接单根或接方杆时，井下钻具均不能转动。

7）定向施工时，若停泵中断钻进作业，应将钻头提离井底至少 5m，上提下放活动钻具，活动范围一次上提下放距离应大于 5m，注意指重表，防止阻卡，情况异常立即采取措施。

8）定向钻进时，司钻要操作平稳，送钻均匀，密切注意钻压变化，防止溜钻或吊打。

9）定向钻进时，司钻要密切注意泵压变化，泵压升高立即停泵上提，开泵检查泵压正常后再下放钻进，泵压下降应立即报告钻井技术员或值班干部，如有螺杆脱扣的可能，应停泵下放钻具对扣，起钻按打捞程序操作。

10）接单根或测单点时要准确记录钻杆印迹，并量好角差。

11）测单点时要活动好钻具，除单点照相时应静止外，其他时间要勤活动。单点仪器出井口以后，必须大幅度上提下放活动钻具，无异常情况，才能挂水龙头；防止粘卡。

12）打完方钻杆，循环好钻井液再测单点；若接单根将钻头放到井底测单点，要防止沉砂卡钻。

13）螺杆钻具常见故障分析，如表 4－3 所示。

14）螺杆钻具工作原理：螺杆钻具是以钻井液为动力的一种井下动力工具。钻井泵泵出的钻井液流经旁通阀进入马达，在马达进出口处形成一定压差推动马达的转子旋转，并将扭矩和转速通过万向轴和传动轴传递给钻头，如图 4－3 所示。

5.4 井眼轨迹控制

1）严格按钻井工程设计的井眼轨迹控制方案施工，不得随意更改设计内容。

2）施工技术参数按设计或现场指挥人员的指令组织实施。

重大技术措施报公司主管技术领导批准组织实施。

表 4—3　螺杆钻具故障分析表

	可能原因	判断及处理
压力表压力突然升高	马达失速	把钻具上提 0.3～0.6m，核对循环压力，逐步加钻压，压力随之逐步升高，均正常，可确认失速
	马达传动轴卡死	把钻头提离井底，压力表读数仍很高，提出钻具检查、修理
	钻头水眼被堵	把钻头提离井底，再观察压力，如果压力仍然高于正常循环压力，可以试着改善循环排量或上下活动钻具，如无效应起钻
压力表压力慢慢地增高（不是随钻井深度增加而增大的正常压降）	钻头磨损	继续工作，细心观察，如仍无进尺，起钻换钻头
	地层变化	把钻头稍稍上提，如果压力与循环压力相同，则可继续工作
	循环压力损失变化	检查钻井液排量
没进尺	地层变化	适当改变钻压和循环排量（必须在允许范围内）
	马达失速	压力表读数偏高，钻具提离井底，检查循环压力，从小钻压开始，逐步增大钻压
	旁通阀处于“开位”	压力表读数偏低，稍提起钻具，启停钻井泵两次仍无效，则需要启钻检查或更换旁通阀
	万向轴损坏	常伴有压力波动，稍提起钻具压力波动范围小些，需起钻检查更换
	钻头损坏	更换新钻头

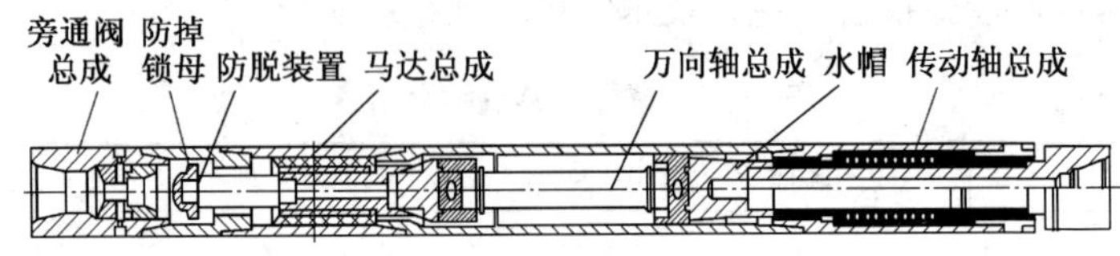

图 4－3　螺杆钻具示意图

3）人工定向每 20～30m 测一次单点，随钻定向每根单根记录一次井眼数据，包括井深、井斜角、方位角和工具面角。

4）定向施工结束前，至少应有两个连续测点方位角符合设计要求，才能起钻更换增斜或稳斜钻具结构。

5）增斜、稳斜、降斜钻进时，扶正器的外径应符合设计要求，按设计要求测单点，特殊情况下加密测点。

6）施工前应认真分析地层漂移规律，有针对性地做好井眼轨迹控制工作，及时将测斜数据进行计算处理，调整、确定钻具结构和钻进参数，保证顺利中靶。

5.5　工程防卡措施

5.5.1　防键槽卡钻

定向井造斜、增斜、降斜井段容易形成键槽，每次起钻降斜段至造斜井段应倒Ⅰ挡，如有挂卡，上提悬重不超过动载悬重 50～100kN，应从低吨位开始上提下放活动。活动数次无效果时应接方钻杆开泵倒划眼，不得有侥幸心理硬提造成卡钻。

5.5.2　防粘附卡钻

在造斜、增斜、稳斜、降斜过程中，因设备原因需长时间停钻检修时，应将钻具起到上直段再检修，或一边起钻一边检修，不允许钻具长时间静止。接单根、测单点等作业时，钻具静止时间不得超过 3min。

5.5.3　防沉砂卡钻

非造斜段测单点应打完单根循环钻井液，筛面砂子明显减少后方可进行测斜，复杂井不得接单根将钻头放到井底测斜。

5.5.4　防钻杆折断

不得定点转动钻具，防止钻杆疲劳、破坏，造成断钻具事故。

5.5.5　防其他卡钻事故

正常起下钻，下放遇阻不超过50kN，上提遇卡不超过钻具悬重的10%，要坚持起钻遇卡少提多放，下钻遇阻少放多提，防止钻具提死或压死。井眼轨迹中靶后，应尽量简化钻具结构，可视情况甩掉扶正器、无磁钻铤和大尺寸钻铤。

5.5.6　导向钻井系统

5.5.6.1　导向钻井

导向钻井是国外近几年发展起来的一种新的定向钻井技术，它可以连续控制定向井井眼眼轨迹，不因纠正井眼轨迹而改变钻具组合。因而，可以大大提高机械钻速，钻出符合要求的平滑井眼，是一种很有发展前途的定向钻井技术。导向钻井系统由聚晶金刚石钻头，带有专门设计的双斜式传动接头（导向接头）或偏心稳定器的容积式井下马克（或涡轮钻具）和无线随钻测斜仪（MWD）组成。图4-4所示为导向钻井系统示意图。

5.5.6.2　导向钻井系统特点

1）提高了井眼轨迹控制的精度。由于采用MWD对井身轨迹进行实时监测，可随时调整钻井参数和工具面，在整个钻进中始终不断地纠正井身轨迹。这对于钻井井眼轨迹精度要求很高的定向井十分有用。

2）提高了井眼控制的效率。由于具有造斜、增斜、降斜和扭方位等多种作业功能，因而下一套导向钻井系统就能钻完某种井眼尺寸的整个井段，最大限度地减少起下钻次数。

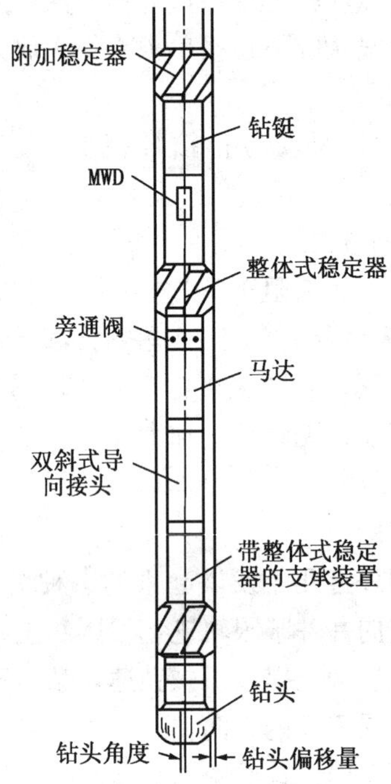

图 4-4　导向钻井系统示意图

6　硫化氢井施工

6.1　井场布局

1）井场布局合理，季节盛行风应从左侧（偏房一侧）吹向右侧。

2）宿舍区摆放在井场的上风向，距井口 100m 以外，遇 H_2S 含量高的地区，宿舍区摆放在上风向 2km 以外。

3）冬季施工，二层台、钻台、机房、泵房等设备区禁止使用围布。

6.2　培训与验收

1）施工前对参与施工人员进行专项防 H_2S 作业培训。

2）对井控“四、七”动作反复演习，直至熟练。

3）取得有毒有害作业许可证并通过有关部门验收同意后方可施工。

6.3 防硫设施配备

1）相应规格、数量的 H_2S 的监测仪器。

2）满足施工需要的密闭式呼吸设施。

3）强力防爆排风扇三台。

4）风向标数面。

6.4 防硫药品准备

1）按设计要求准备数量足够的碱式碳酸铜或碱式碳酸锌。

2）备足米兰等防硫特效药品。

6.5 钻遇硫化氢

1）根据设计，钻井液密度分段起上线。

2）调整钻井液性能，加强钻井液循环，使钻井液中的硫化氢被中和。

3）起钻时防止抽汲。

4）尽量减少空井时间，起钻后应立即下钻。

5）下钻要分级循环，循环过程中加强人员防护。

6）硫化氢浓度过大时，避免夜间施工。

7　井斜及其控制

7.1 基本概念

1）井斜角 α：指井眼轴线的切线与铅垂线之间的夹角。

2）方位角 ϕ：表示井眼偏斜的方向，指井眼轴线切线在水平面投影的方向与正北方向之间的夹角。

3）井底水平位移：表示井底在水平面上偏离原井口的大小，指完钻井底与井口在水平面上投影之间的直线距离。

4）井斜变化率：指单位长度内井斜角的变化值（一般取

30m 或 100m)。

5）方位变化率：指单位长度内方位角变化值。

7.2 井斜的原因

7.2.1 地质因素

地质条件是产生井斜的重要原因，如地层倾角、层状结构、各向异性、岩石软硬交替以及断层等，其中地层倾角起主要作用，它对井斜影响的一般规律为：

1）地层倾角小于 45°时，井眼轴线向地层上倾方向倾斜。

2）地层倾角大于 60°时，井眼轴线向地层下倾方向倾斜。

3）地层倾角在 45°～60°之间时，井眼轴线偏离不定，这个不稳定区的范围随各个地区地层条件的不同而变化。

下面分析在有地层倾角时，地质因素对井斜的影响。

7.2.1.1 层状地层对井斜的影响

钻头在倾斜的层状地层中钻进时，钻至每个层面的交界处，地层上倾一侧的岩石在钻压作用下，容易发生垂直于层面方向的破碎，井眼下倾一侧却残留一个小斜台，它给钻头一个横向力而把钻头推向井眼上倾一侧造成井斜，如图 4－5 所示。

7.2.1.2 地层的各向异性对井斜的影响

由于岩石内部组织结构受各方面因素的影响（岩层的成层状况、层理、节理、纹理以及岩石的成分、结构、胶结物、颗粒大小等），造成岩层在不同方向上的差异。一般来说，垂直地层层面的强度较小，钻进时钻头将沿着破碎阻力最小的方向倾斜。

7.2.1.3 岩性软硬交错对井斜的影响

当钻头从软地层进入硬地层时，如图 4－6（a）所示：A 侧岩石硬度大，可钻性小，钻头刀刃吃入地层少，钻速慢；B 侧岩石硬度小，可钻性强，钻头刀刃吃入地层多，钻速快，井眼自然偏斜。另外，由于钻头两侧受力不均，A 侧井底反力的合力比 B 侧大，产生一个弯矩 M，扭转钻头，使其沿着地层上倾方向发

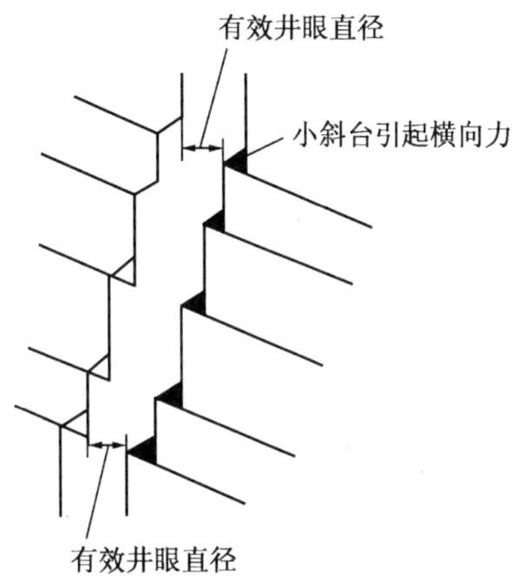

图 4－5　层状地层井斜的原因

生倾斜。

当钻头从硬地层进入软地层时，如图 4－6（b）所示：开始由于 A 侧地层软，钻头吃入多，钻速快；B 侧地层硬，钻速慢，井眼有向下倾方向倾斜的趋势。当钻头快钻出硬地层时，岩石将沿着垂直于层面的方向发生破碎，在硬地层一侧留下一个台肩，迫使钻头仍回到地层上倾方向。因此，钻头由硬地层钻到软地层时仍有可能向地层上倾方向发生倾斜，且往往在界面处形成狗腿。

7.2.2　下部钻柱弯曲

在钻进中，下放部分钻柱重量给钻头形成钻压，当钻压较小时，下部钻柱保持直线稳定状态；当钻压增至某一临界钻压时，下部钻柱丧失稳定发生弯曲。钻头及其相邻部分钻柱中心曲线偏离井眼轴线，导致井斜。

当钻头直径一定时，井径越大，钻铤越细，则钻铤与井眼的间隙越大，因而钻头倾斜角越大，井越容易斜。

7.2.3　其他因素

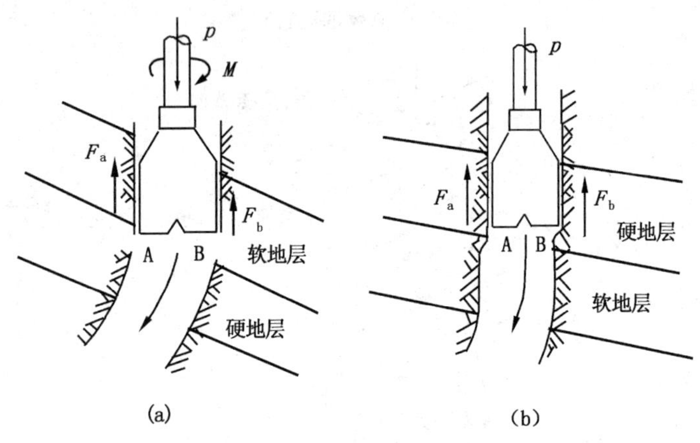

图 4－6　岩性变化对井斜的影响

1）设备安装质量不合格（天车、转盘和井口不在同一铅垂线上，使井一开始就钻斜）。

2）技术措施不当（易斜井段钻进时，使用无防斜、纠斜能力的钻具组合）。

3）钻井操作水平影响（司钻未按技术规定施加钻压）。

7.3　常用防斜钻具组合

7.3.1　钟摆钻具

7.3.1.1　工作原理

利用斜井内切点以下钻铤重量的横向分力把钻头推向井壁下方，以达到逐渐减小井斜的效果。这个横向分力犹如钟摆一样，称为“钟摆力”。

7.3.1.2　使用特点

1）钻铤尺寸、钻压大小和井眼斜度决定扶正器位置。当钻压增大时，切点下移，若切点产生在扶正器以下就会使钟摆钻具失效，因而只能采用低钻压，影响钻井速度。

2）钟摆钻具采用大尺寸钻铤加扶正器，形成钟摆长而重，降斜效果相对较好。

7.3.1.3 常用钻具结构

1）**ϕ216mm 钻头＋ϕ178mm 钻铤×1 根＋ϕ214mm 扶正器×1 只＋ϕ178mm 钻铤×8 根＋ϕ159mm 钻铤×9 根＋ϕ127mm 钻杆。**

2）**ϕ216mm 钻头＋ϕ159mm 钻铤×2 根＋ϕ214mm 扶正器×1 只＋ϕ159mm 钻铤×1 根＋ϕ214mm 扶正器×1 只＋ϕ159mm 钻铤×15 根＋ϕ127mm 钻杆。**

7.3.2 偏重钻铤

7.3.2.1 工作原理

偏重钻铤是在普通钻铤的一侧钻一排孔眼，造成一边重一边轻。当钻具旋转时产生一个向重边的离心力，转速越高，离心力越大，钻具每转一圈就会有一次钟摆力和离心力的重合，对井壁产生较大的冲击纠斜力，使井斜角偏小。同时，由于周期性的旋转不平衡性使下部钻柱发生弹性的横向振动，提高了钻头切削井壁下侧的能力，离心力的作用还令偏重钻铤的重边在旋转时永远贴向井壁，形成公转，消除了自转对井斜的影响，这使得偏重钻铤在直井中更具防斜作用。

7.3.2.2 使用特点

1）离心力与物体质量、圆半径以及角速度的平方成正比，所以为了发挥偏重钻铤的防斜作用宜采用高转速。

2）偏重钻铤可在较高钻压下纠斜。

3）钻具结构简单，不需要使用扶正器，环空间隙大，便于起下钻，不易产生井漏和卡钻的危险，安全可靠。

7.3.2.3 常用钻具结构

ϕ216mm 钻头＋ϕ178mm 偏重钻铤×1 根（长 9m 左右为宜）＋ϕ178mm 钻铤×18 根＋ϕ127mm 钻杆

7.3.3 塔式钻具

7.3.3.1 工作原理

钻柱下部使用几段变径的钻铤，紧接钻头处钻铤直径最大，往上直径递减。钻柱下部钻具重量大、刚度大、重心低，与井眼间隙小，产生较大的钟摆力防止井斜，且稳定性好，有利于钻头平稳工作。

7.3.3.2 使用特点

1）底部应尽可能使用大钻铤，钻铤柱重心低于全部钻铤长度的 1/3。

2）钻压应控制在全部钻铤重量的 75％～80％。

3）环形间隙小，循环钻井液时泵压高，转盘负荷可能增大，在易坍塌地层易卡钻。

7.3.3.3 常用钻具结构

ϕ216mm 钻头＋ϕ203mm 钻铤×6 根＋ϕ178mm 钻铤×6 根＋ϕ158mm 钻铤×6 根＋ϕ127mm 钻杆

7.3.4 刚性满眼钻具

7.3.4.1 工作原理

满眼钻具是由外径与钻头直径相近的扶正器 3～5 个与钻铤组成。它的刚度大，能填满井眼，在大钻压下不易弯曲，保持钻具在井内居中，减小钻头倾斜角。扶正器支承在井壁上，限制钻头横向移动，同时在钻头处产生一个抵抗地层力的纠斜力。

7.3.4.2 使用特点

1）满眼钻具能有效地控制井斜变化率，使井斜不致过快地增大或减小，不会形成狗腿或键槽。

2）在软地层和严重井斜地层，近钻头扶正器应选用支承面较大的长扶正器。

3）在严重易斜地层可加用 4 号扶正器。

7.3.4.3 常用钻具结构

ϕ216mm 钻头＋ϕ214mm 扶正器×1 只＋ϕ159mm 钻铤×3m ＋ϕ214mm 扶正器×1 只＋ϕ159mm 钻铤×1 根＋ϕ214mm 扶正器×1 只＋ϕ159mm 钻铤×17 根＋ϕ127mm 钻杆

7.3.5 大钻压防斜

7.3.5.1 工作原理

大钻压使中性点上移，从而增加了钻柱受压段长度，形成螺旋屈曲，底部钻柱产生涡动。当发生井斜时，切点在上井壁，钻柱轴向周期性附加力最大，并以涡动频率叠加在正常钻压上，纠斜、辅助破岩。由于钻铤外径小于钻头外径，钻头上面一段钻铤不接触井壁，产生钟摆效果。

7.3.5.2 使用特点

1）大钻压下，底部钻柱依靠惯性离心力、钟摆力和周期性轴向附加力三种机制防斜、降斜。

2）只有施加足够大的钻压，钻具才会产生涡动。

3）钻柱轴向周期性附加力在斜井中才存在，是理想的纠斜力。

4）有利于抑制钻头轴向跳动，提高钻井效率。

5）大钻压防斜钻铤一定要下够，钻压绝对不能加到震击器或钻杆上。

6）钻压值在钻头和钻铤的允许范围内。

7）大钻压增加中性点以下的钻柱摩阻，加速钻头失效，增加钻柱疲劳。

8）大钻压防斜适合牙轮钻头，用于降斜，井斜大于 2°时效果明显。

7.3.5.3 钻具组合

ϕ216mm3A 钻头＋ϕ178mm 钻铤×6 根＋ϕ159mm 钻铤×21 根＋ϕ127mm 钻杆

钻压 200kN，转盘转速 65～75r/min

8 常见卡钻事故的原因、现象、预防及处理

8.1 粘卡（压差卡钻）

8.1.1 原因及现象

钻具在压差作用下推向井壁，因摩阻系数、钻井液密度及接触面积和接触时间等诸多原因使钻柱上下活动范围很小，转动圈数越来越少，造成卡死。但卡钻后可循环钻井液，泵压无变化，带出岩屑很少。

8.1.2 预防

1）保持良好的钻井液性能。

2）起钻前大排量循环钻井液，大幅上提、下放并适当转动钻具。

3）勤活动钻具，当钻具无法活动时，应将钻具重量放至井底，使钻具受压而弯曲，造成钻杆和井壁点接触。

4）注意保持较好的井身质量。

8.1.3 处理

1）保持循环，在允许范围内上下活动钻具（尚未彻底卡死时，转动、下砸反复数次以求解卡），防止卡点上移。

2）降低钻井液粘度，增加泥饼润滑性，正确计算卡点，采取浴井解卡。

3）浴井解卡时解卡剂浸泡位置应比卡点高，替解卡剂时密切注意泵压变化，防止蹩泵。

4）边泡边活动钻具，不准将回水闸门打开，防止钻井液倒流，造成井塌卡钻。

8.1.4 常用公式

8.1.4.1 复合钻具卡点深度的计算

1）通过大于钻具原悬重的实际拉力，量出钻具总伸长 ΔL（可以多拉几次，使之更加准确，用平均法算出 ΔL）。

2）计算在该拉力下每段钻具的绝对伸长（假设三种钻具）：

$\Delta L_1 = L_1 \times 10^5 \times p/(9.8 \times E \cdot F_1)$

$\Delta L_2 = L_2 \times 10^5 \times p/(9.8 \times E \cdot F_2)$

$\Delta L_3 = L_3 \times 10^5 \times p/(9.8 \times E \cdot F_3)$

3）分析 ΔL 与 $\Delta L_1 + \Delta L_2 + \Delta L_3$ 值的关系：

若 $\Delta L \geqslant \Delta L_1 + \Delta L_2 + \Delta L_3$　　说明卡点在钻头上

若 $\Delta L \geqslant \Delta L_1 + \Delta L_2$　　说明卡点在第三段上

若 $\Delta L \geqslant \Delta L_1$　　说明卡点在第二段上

若 $\Delta L \leqslant \Delta L_1$　　说明卡点在第一段上

4）计算 $\Delta L \geqslant \Delta L_1 + \Delta L_2$ 的卡点位置：

先求 ΔL_3：$\Delta L_3 = \Delta L - (\Delta L_1 + \Delta L_2)$

计算 L_3'值：$L_3' = 9.8 \times E \cdot F_3 \cdot \Delta L_3/(10^5 \times p)$

该值即为第三段钻具没卡部分的长度。

计算卡点位置：$L = L_1 + L_2 + L_3'$（其他情况可类推）

5）符号说明：

ΔL_1，ΔL_2，ΔL_3——自上而下三钻具的伸长，cm；

ΔL——总伸长，cm（指测量出来的）；

p——上提拉力，kN；

E——钢材弹性系数，取 $2.1 \times 10^6 \text{kg/cm}^2$（$1\text{kg/cm}^2 = 0.0980665\text{MPa}$）；

L_1，L_2，L_3——自上而下三种钻具的伸长，cm；

F_1，F_2，F_3——自上而下三种钻具截面积，cm^2；

L'_3——第三段钻具卡点以上的长度，m；

L——卡点位置，m。

8.1.4.2　卡点以上钻具允许扭转圈数

$$N = K \cdot L$$

式中　N——允许扭转圈数（见表 4-4）；

K——扭转系数，圈/m；

L——卡点位置，m。

8.1.4.3 泡油量计算

$$Q = K \cdot \frac{\pi}{4}(d_h^2 - d_p^2)H + \frac{\pi}{4}d_{pi}^2 \cdot h$$

式中 Q——泡油量，m^3；

K——附加系数，取1.2～1.3；

d_h——井眼直径，m；

d_p——钻杆外径，m；

d_{pi}——钻杆内径，m；

h——钻杆内油柱高，m；

H——钻杆外油柱高，m。

表4—4 常用钻具的允许扭转系数

钻杆尺寸		扭转系数，圈/m		
		D级	E级	P105
2⅞in	73mm	0.00703	0.00957	0.01340
3½in	88.9mm	0.00577	0.00787	0.01101
5in	127mm	0.00404	0.00551	0.00771
5½in	139.7mm	0.00368	0.00501	0.00701

8.2 钻头泥包卡钻

8.2.1 原因及现象

在泥页岩地层钻进因钻井液粘切高，钻头水功率不足，井底岩屑不能及时清除，钻井液与岩屑掺混物粘附在钻头表面，使其在井底转动不灵活，发生跳钻现象或泵压增高、钻速突然降低，起钻有拔活塞现象，上提钻具到缩径段操作不当易卡钻。

8.2.2 预防及处理

1）增大钻井液排量，保持井底清洁。

2）根据地层合理选择钻头，钻至泥岩段应适当降低钻井液粘度。

3）开泵和钻进时注意泵压变化，防止循环短路造成干钻。

4）发现钻头有泥包现象应上提方钻杆，循环钻井液，转动钻具。

5）起钻时，注意悬重变化，遇卡不得硬提，以下放为主，并立即循环钻井液转动钻具，将泥包甩掉。

8.3 键槽卡钻

8.3.1 原因及现象

钻进中，由于井斜及方位变化大形成“狗腿”，起下钻时，钻具在此处拉刮井壁而逐渐磨出一条细槽（键槽）。槽的直径稍大于钻杆接头，但小于钻头直径。起钻时钻头拉入槽的底部被卡住，称为键槽卡钻。判断依据为：钻杆偏磨，钻杆接头下部台肩磨损；遇卡井段相对固定，遇卡时可以下放、转动，但提不出来，卡钻后可正常循环钻井液，泵压正常；钻进中不蹩钻、跳钻。键槽是慢慢形成的，因此遇卡程度一次比一次严重，遇卡位置逐渐下移，一次比一次深。

8.3.2 预防

1）防斜打直，保证井身质量。

2）在井斜大幅度由小变大或由大变小处，起下钻有遇阻现象时，应立即划眼，以免形成键槽。

3）经常注意检查钻杆接头、接箍是否有偏磨。

4）钻具结构合理，避免上面太小，下面太大。

8.3.3 处理

1）键槽应加强预防，早期处理。

2）轻提转动钻具，开泵循环钻井液，倒划眼。

3）用键槽扩大器破坏键槽。

4）震击解卡，仍未能解卡则套铣倒扣。

8.4 砂桥卡钻

8.4.1 原因及现象

在钻进过程中，上部松软易塌或易溶性（如盐岩层）地层，在钻井液的浸泡及钻柱旋转碰撞下，发生局部坍塌，使井径扩大（俗称“大肚子”），特别是在裸眼井段很长、钻速较慢的井段更为严重。由于井径扩大，岩屑返至“大肚子”处时，便会形成局部排量不足，上返速度减慢，钻井液中携带的岩屑下沉而淤集在“大肚子”内，停泵后，下沉的岩屑与该处已经堆积的坍塌物混合形成砂桥，埋住钻具。循环钻井液，泵压升高，甚至蹩泵，严重时，钻具不能转动，甚至完全卡死。

8.4.2 预防

1）选用优质钻井液钻进，适当提高钻井液的粘度、切力等，防止井塌，避免出现“大肚子”。

2）适当提高环空的上返速度，避免局部排量不足，致使岩屑下沉形成砂桥。

3）参考防沉砂卡钻的其他措施。

8.4.3 处理

1）遇卡不得硬提，以下放为主，抓紧时间开泵，坚持小排量循环钻井液，逐步将沉砂携带出井口。

2）尽量转动钻具，以破坏砂桥。

3）若卡死可采取震击解卡或套铣倒扣等方法。

8.5 坍塌卡钻

8.5.1 原因及现象

钻井液性能不能满足平稳地层需要，井壁发生剥蚀掉块，在正常钻进中出现转盘转动不正常，停钻时转盘打倒车，泵压增高，返出的岩屑突然增加，振动筛出现大块泥饼，起钻过程中，钻井液突然倒流。

8.5.2 预防

1）起钻时司钻应按时确保钻井液灌入井内，所灌钻井液要保证质量。

2）起钻过程中，如遇严重倒返现象，应接方钻杆循环钻井液，调整正常后再继续起钻。

3）保持良好的钻井液性能，在钻进过程中钻井液性能要保持稳定，尽量不大幅度调整，对易塌井段应适当增加钻井液密度，降低失水。

4）地质工、钻井液技术员和工程技术员应加强对岩屑分析，如发现上部井段岩屑突然增加，及时采取措施。

5）钻进过程中遇到严重漏失，不能维持钻井液循环时，应强行起钻，同时定量灌入钻井液，维持液面稳定，防止钻具埋死。

8.5.3　处理

1）如发现井塌卡钻应抓紧时间开泵，循环钻井液，开泵时注意泵压变化，防止蹩泵。

2）轻提慢放，稍提一点力量，转动钻具，不得硬提防止卡死。

3）如用上述办法不能解卡时，可采用震击和倒扣套铣解卡。

8.6　缩径卡钻

8.6.1　原因及现象

缩径常常发生在膨胀性地层和渗透性高、孔隙发育良好的井段。由于钻井液失水量大，在井壁形成疏松的滤饼。当泵排量小、返速低时，滤饼上面易沉积较多的粘土颗粒、岩屑及加重剂，致使井径缩小。发生缩径卡钻时，上提遇卡，下放容易或下钻遇阻。另外，钻头磨损严重，后期井段直径变小，新钻头下入小井眼内也会造成卡钻。

8.6.2　预防与处理

1）调整钻井液性能，降低失水量，保证井壁滤饼质量。

2）钻头起出后，认真测量外径磨损情况。

3）起钻遇卡时，不得猛提，应开泵循环钻井液，轻提慢转倒划眼。

9　中途测试（钻杆测试）

9.1　井眼准备

9.1.1　裸眼井

1）最大井斜、井斜变化率、方位变化率符合井身质量要求，无“键槽”、“狗腿”井段。

2）全井井径基本规则，无明显台肩、大肚子、缩径等阻卡井段。

3）钻井液性能必须保证钻具在静止不动的测试时间内不卡，井底无沉砂，起下钻畅通无阻。

9.1.2　套管井

通井规外径小于套管内径6～8mm，射孔试油井要求通至人工井底。裸眼筛管完成井通至套管鞋以上10～15m，然后用油管通至井底。使用弹性刮管器对全井筒进行清刮。

9.2　现场设备准备

1）提升系统、循环系统、井控装置、各种仪表要在测试之前认真全面检查。

2）仔细检查钻杆，保证长度数据准确并满足强度要求。

9.3　下钻

下钻操作应符合钻井和试油技术规程，并应重点注意下列各项。

9.3.1　防管柱漏失

1）管柱密封与否是钻杆测试成败的关键。

2）钻杆接头螺纹涂高温密封脂并按规定扭矩上紧。

3）有专人观察环空液面变化和测试管柱在井口的排气反应，以便及时发现管柱漏失，采取措施加以排除。

9.3.2 防止中途坐封

在下钻过程中，井下管柱不能右转，因套管测试封隔器自带卡瓦，右转一定扭矩便会坐封。

9.3.3 防顿

封隔器胶筒外径接近于井径，要防止遇阻使管柱下顿。因此，下钻要平稳，下放速度不能太快，一般控制在每小时15柱左右，遇阻下压不得超过50kN，并要求迅速上接钻具，绝对不能用重负荷长时间压着等待措施。

9.4 其他工作

配合测试服务单位，协同工作，快速、安全地取得最优测试成果。

10 电测施工协作

10.1 井场准备

1）提前汇报，确保测井队及时到达井场。

2）清理场地，准备测井车停车位置，电缆车与井口之间无阻碍。

3）夜间作业有照明设施。

4）井场电源电压平稳，电压波动小于±5%，频率在50Hz。

10.2 井眼准备

1）测井前必须充分循环钻井液，使井内钻井液均匀、性能稳定。

2）遇阻、遇卡井段要进行处理，确保测井施工安全顺利进行，测井前起钻不允许转盘卸扣。

10.3 介绍井下情况

1）井身结构。

2）油气显示井段及有关情况。

3）特殊情况（遇阻、遇卡井段或井下落物位置等）。

10.4 测井施工的协作。

1）配合测井队吊升测井设备及仪器。

2）测井施工中禁止电焊和启动大功率电器设备，禁止妨碍测井工作的任何其他作业。

3）专人坐岗，观察井口，及时灌钻井液。

10.5 测井现场提供资料

1）全井井斜及方位（计算靶心和井底位移）。

2）井径。

11 下油层套管

11.1 准备工作

11.1.1 套管准备

1）点清井场套管总根数以及应入井根数、短套管根数、套管扶正器数、备用套管根数。备用套管另外放置，并做明显标记。

2）对每根套管用气通法、标准通径规进行通内径检查。通径规由接箍方向投入时，应避免通径规对内螺纹的损坏。用直径32mm、长度20～30m的胶管接于气瓶的排气管处，另一端接一个直径25.4mm的闸门。闸门与管线之间用直径25.4mm的钢管连接，另一端接一同直径的长300mm的钢管，进闸门段装一能封住套管内接头的挡板，关好管线闸门，打开气瓶闸门，把内径规（最好多准备几个）放入套管，拿好气管线闸门，把挡板与套管内接头对好以后，观察对面有无人员，确保无人时，打开气管线闸门，在强大气流的作用下，通径规沿套管内径，从外螺纹端吹出。通径规快出外螺纹端时，关好气管线闸门。在通径过程中，防止通径规喷出伤人。

3）使用清洗剂对内外螺纹进行认真的清洗，清洗时应使用合格毛刷，禁止使用钢丝刷；护丝应清洗干净，并重新上紧。

4）目视检查：检查套管钢级和管体表面，有凹陷、伤痕的不得入井。

5）检查接箍：检查厂家原配接箍外露扣数，标准余扣不应超过 2 扣，否则不能入井。

6）螺纹检查：检查内外螺纹是否完好，螺纹不合格的的不准入井，并做标记另外放置。

7）套管长度测量：长度测量精确到厘米。单根套管长度为其总长度减去外螺纹的长度。各种不同螺纹的要求是：API 圆螺纹在螺纹“消失点”或最终分度线记号处；梯形螺纹以印在管体上三角符号的底边为准；其他特殊螺纹则按厂家制造标准规定的测量点。丈量套管时，要用钢卷尺丈量两次以上并进行校对，在套管本体写上长度、入井编号，并做好记录。

8）按设计准备好套管下部结构。

11.1.2　下套管工具及附件检查、准备

1）检查验收送井的下套管工具是否齐全完好，符合技术标准要求，包括吊卡、引鞋、浮箍、联顶节、水泥头、循环接头、扶正器等。

2）准备套管密封脂。

3）接好向井内灌钻井液的管线。

4）深井下套管时，如果井架负荷太大，可在起钻时甩掉部分钻具，以减轻井架负荷。

5）套管单根从地面上钻台入鼠洞，建议使用单根吊卡及专用护丝。

11.1.3　井眼准备

1）下套管之前要用原钻具进行通井，在通井过程中对起下钻遇阻、遇卡井段或电测井径小于钻头直径的井段，要进行划眼。

2）通井到底要充分循环好钻井液，达到井眼畅通、无沉砂，然后再起钻。

3）通井如遇井漏，必须先堵漏，然后再组织下套管。

11.1.4 设备准备

1）下套管前，对井场所有设备进行全面检查，保证设备固定牢靠、运转正常，参数仪灵敏、准确，刹车系统良好；泵上水良好，大绳死、活绳头固定符合标准。

2）更换防喷器闸板芯子，使其与下入套管尺寸相一致。

11.2 工作程序

1）打开大钩制动销。

2）用气动（液压）绞车吊套管上钻台，并在钻台大门处加挡绳，以免碰撞。

3）待气动（液压）绞车将套管吊入鼠洞，解下绳套或摘开单根吊卡后，用吊卡扣住鼠洞内套管，挂低速上提，提出 0.5m 左右时改用高速，提出鼠洞约 3/4 时挂高速，外螺纹升过井口内螺纹 0.1～0.2m 时刹车，卸下护丝。

4）对扣时，小心下放套管，套管扶正台人员配合井口对扣一次成功，避免错扣。整个对扣过程要防止杂物落入接箍螺纹内，并小心保护好螺纹。

5）液压套管钳紧扣，上紧扭矩符合要求，余扣不超过 1 扣。

6）上紧扣后，挂绞车低速一次拉紧大钩弹簧，再上提 0.2～0.3m 刹车，待内、外钳工打开吊卡拉离井口后，再慢抬刹把，眼看参数仪，下放套管并注意避免吊卡与正在上提入鼠洞的下一根套管相碰。吊卡离转盘面 2m 左右时，减慢下放速度，使吊卡平稳地坐在转盘上。

7）套管下放速度一般不超过 0.46m/s。带有浮箍和扶正器的套管柱通过低压渗透性井段时，下放速度应控制在 0.25～0.3m/s（因为高速下放套管，环空回流速度往往超过钻井液上返速度 1～3 倍，这样将会压漏地层）。

8）下放应避免冲击载荷对管体或接箍台阶以及螺纹造成损伤。

9）按规定下入套管扶正器。

10）下套管过程中，应观察钻井液返出情况，有异常现象应及时处理。

11）最后一根套管内端装上悬挂器，下完套管后，接好联顶节调整好联入，坐稳吊卡，套管内灌满钻井液。

11.3　安全要求

1）小鼠洞内要干净，并用直径 9.5mm 的钢丝绳栓套管护丝放入鼠洞做套管支撑点，使鼠洞内套管内螺纹高出转盘面 1～1.2m，钢丝绳上端固定好。

2）套管上钻台戴好护丝。

3）吊套管时气动（液压）绞车吊钩钩口安全销必须戴好，安全有效。

4）按规定向套管内灌满钻井液，并有专人观察环形空间钻井液返出情况。

5）井口打开吊卡时，要刹住滚筒。

6）操作要平稳，按规定控制下放速度，及时挂辅助刹车，严禁猛提、猛放、猛刹。

7）下放遇阻时不能硬压，更不能硬转，应立即向套管内灌满钻井液，接水龙头循环。若无效，应起出套管，修整井眼。

8）向套管内灌钻井液期间，要上、下活动套管，防止粘卡，活动幅度不小于 3m。

9）下套管或灌钻井液时，严禁手套等杂物落入套管内。

10）上扣时，一旦错扣，应卸开重上，不得上提拔脱。若螺纹坏，应将坏螺纹单根甩下，严禁焊后强行下入。

11）严禁从钻台上向钻台下乱扔套管护丝，以防伤人。

12　固井

12.1　工作程序（一级注水泥施工）

1）配合固井人员接好水泥头（或循环接头）及各种管线。

2）挂上吊环固定好水龙带，并上提一定距离，使悬挂器离开坐封位置15～20cm。

3）倒好闸门，准备开泵洗井，先小排量顶通，泵压和井口钻井液返出正常后，可逐渐加大排量，直到达到规定排量，进行充分洗井。

4）钻井液性能和含砂量符合规定要求，准备注水泥固井。

5）注水泥前，工程技术员、正、副司钻、泥浆工及其他有关人员要参加固井现场施工协作会，明确本井固井工艺和操作内容与要求及注意事项等。

6）注水泥过程中，安排专人测量水泥浆性能，记录原始数据；副司钻倒好高压闸门；待注完水泥浆后，司钻配合固井人员操作，进行替钻井液工作。

7）碰压后要及时坐封套管头。

8）蹩压候凝时，按固井施工要求认真放压。

9）候凝36h后，卸掉水泥头和联顶节，测固井质量和套管试压，合格后固定好套管头帽子，焊上标记（井号与队号）后交井。

12.2 安全要求

1）在套管内钻井液未灌满时不要接水龙头洗井，防止套管内未排完空气在循环过程中引起井下复杂。

2）开泵顶替水泥浆时，人员不得靠近井口、泵房、高压管汇、安全阀附近。

3）在管线放压方向上不得有人。

4）固井完毕，要有专人观察井口的变化，一旦有异常情况，立即汇报并对症处理。

12.3 分级注水泥固井施工

12.3.1 分级注水泥器结构

以双级注水泥为例，根据注水泥作业方法的不同，双级注水泥器可分为连续式和间断式两种。

1）连续式双级注水泥器主要由本体、外套、止退环、关闭套、关闭闸套、打开套、衬套、挡圈、止推环和胶塞打开塞等组成，如图 4－7 所示。

2）间断式双级注水泥器主要由上下接头、外筒、打开套、打开座、关闭套、关闭座、固定套、剪断螺钉、O 形密封圈、卡簧和胶塞打开塞（弹）等组成，如图 4－8、图 4－9 所示。

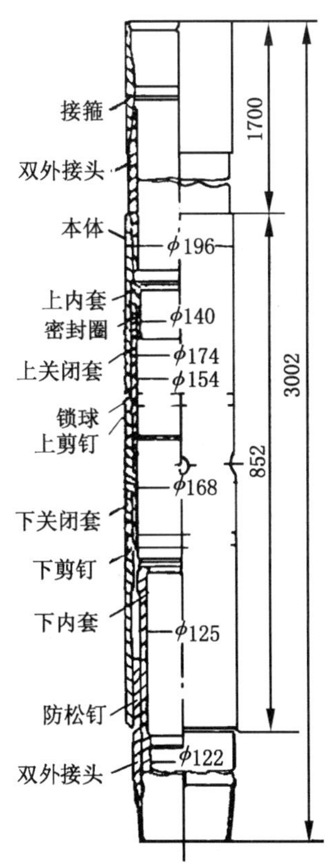

图 4－7　川 SN7－O 形连续式双级注水泥器

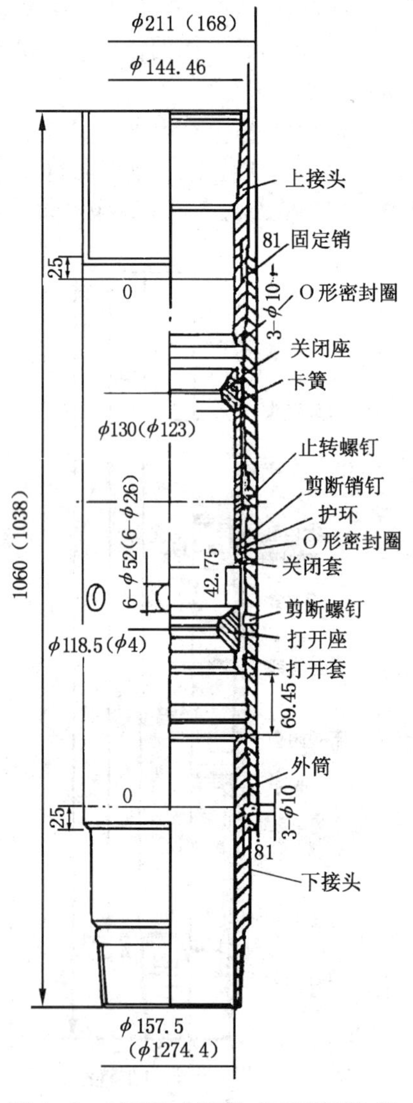

图 4－8　双级注水泥器（LJ 型间断式）

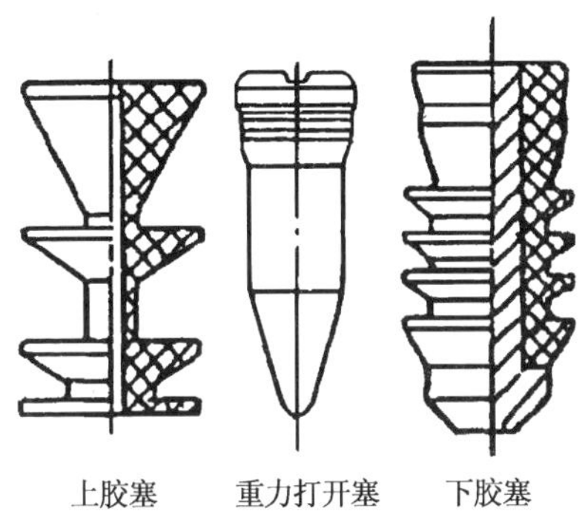

图 4－9 双级注水泥器胶塞（间断式）

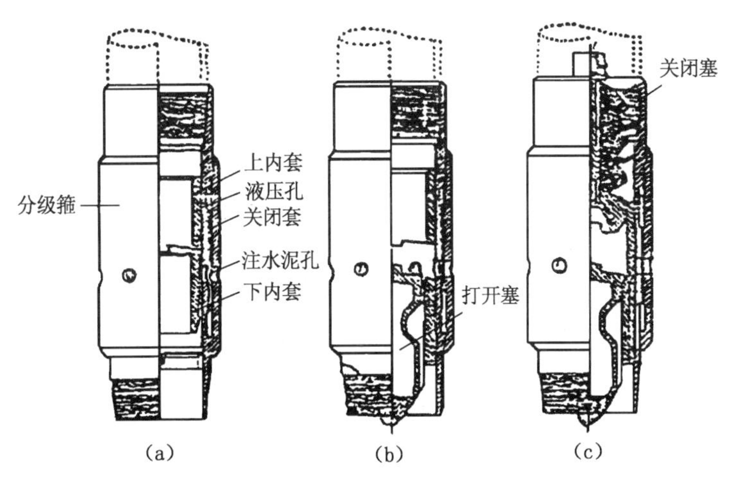

图 4－10 分级注水泥器作用原理

12.3.2 分级注水泥器作用原理

分级注水泥器作用原理如图 4－10 所示。图 4－10（a）为原始状态，由下内套封隔注水泥孔；图 4－10（b）为打开塞将下内套销钉剪断，下内套下行露出循环注水泥孔，提供注水泥条件；图 4－10（c）为关闭塞行至上内套，剪断销钉，上内套下行露出液压孔，推动关闭套永久性关闭水泥孔。

12.3.3 分级注水泥程序

分级注水泥按工况可分为间断式（正规式）和连续式，按注水泥次数可分为双级式和三级式。本文简介双级和三级注水泥程序。

12.3.3.1 间断式（正规式）双级注水泥程序

间断式双级注水泥管柱如图 4－11 所示。

将分级箍接在套管柱上，下至预定位置，随即进行第一级注水泥作业。该作业与一次注水泥方法相似，一级顶塞碰压（一级水泥返至分级箍位置以下深度），由浮鞋、浮箍及碰压塞卡簧形成三级密封，井口水泥头放压为零，随即可投入打开塞。待打开塞下行至分级箍并与下内套密合之后，井口加压剪断销钉使下内套下移，露出注水泥孔，恢复井下循环。待循环正常并达到设计要求时，按设计进行二级注水泥作业，当需注入水泥浆余下 0.5～1.3m^3 时提前投入关闭塄。注水泥结束后立即替钻井液。当关闭塞行至分级箍的上内套时碰压，剪断销钉，上内套下移，露出进液孔，从而推动关闭套下行关闭注水泥孔，即完成第二级注水泥作业。完成第二级注水泥作业后，放掉井口压力候凝。间断式（正规式）双级注水程序如图 4－12 所示。

12.3.3.2 连续式双级注水泥程序

连续式双级注水泥管柱如图 4－13 所示。

将连续式双级注水泥管柱下到预定井深，采用一次注水泥方式进行一级注水泥，并使水泥量返至分级箍位置。第一级水泥注完后，压下胶塞，替钻井液。当替入量接近分级箍以下到承托环的套管内积时，压入打开塞，继续替钻井液。当打开塞坐入分级箍打开座时，泵压升高剪断销钉，分级箍循环孔打开，此时，钻井液从套管内经循环孔进入环形空间，随即进行第二级注水泥作

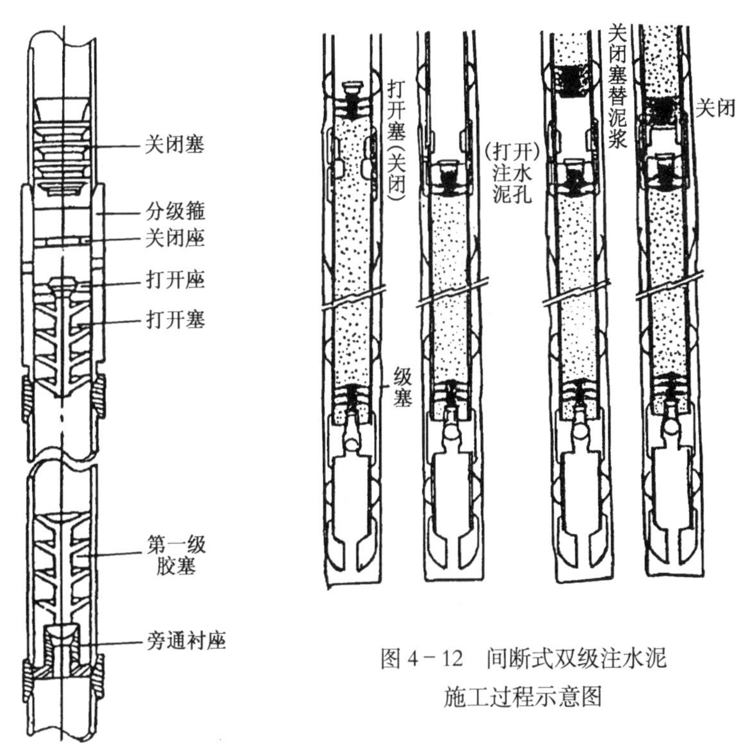

图 4－11　间断式双级注水泥管柱

图 4－12　间断式双级注水泥施工过程示意图

业。注完水泥浆，压入关闭塞，替钻井液，当关闭塞坐入关闭塞座时，泵压升高，剪断销钉，关闭套关闭循环孔，并锁紧和密封管柱。

从以上过程可以看出，连续式双级注水泥是在压入打开塞后直接进行第二级注水泥，不需要在打开分级箍之后循环与处理钻井液。

连续式双级注水泥如图 4－14 所示。

12.3.3.3　三级注水泥程序

三级注水泥管柱中安装了两个分级箍。其主要特点和流程

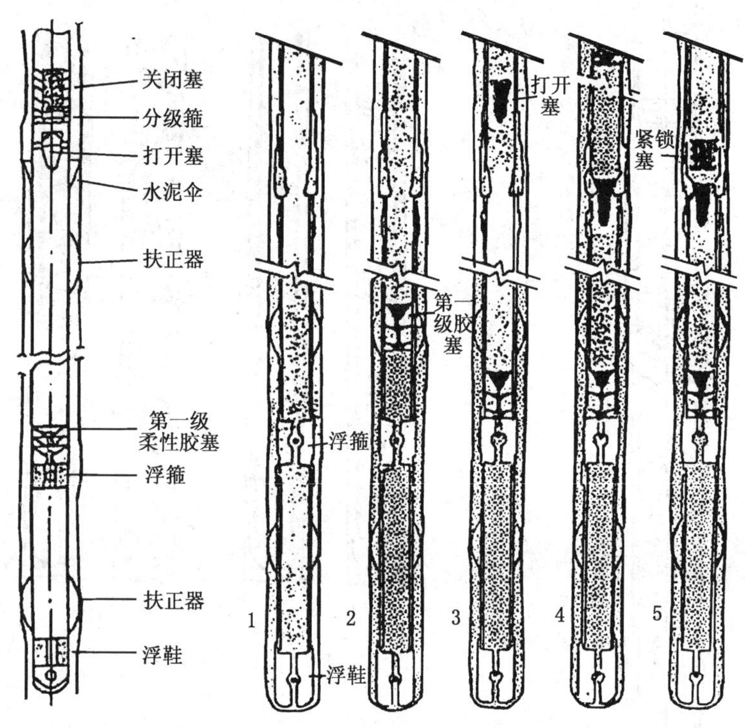

图 4－13　连续式双级注水泥管柱

图 4－14　连续式双级注水泥程序

是，下分级箍的内滑套比上分级箍的孔径更小，一级注水泥使用有旁通作用的底塞，顶塞一般不碰压，靠控制替浆量掌握水泥塞高度。下分级箍的打开采取连续式打开塞，在二级水泥注替完，关闭下分级箍后，投入重力塞打开分级箍注水泥孔，进行第三级注水泥。

三级注水泥流程如图 4－15 所示。

13　甩钻具

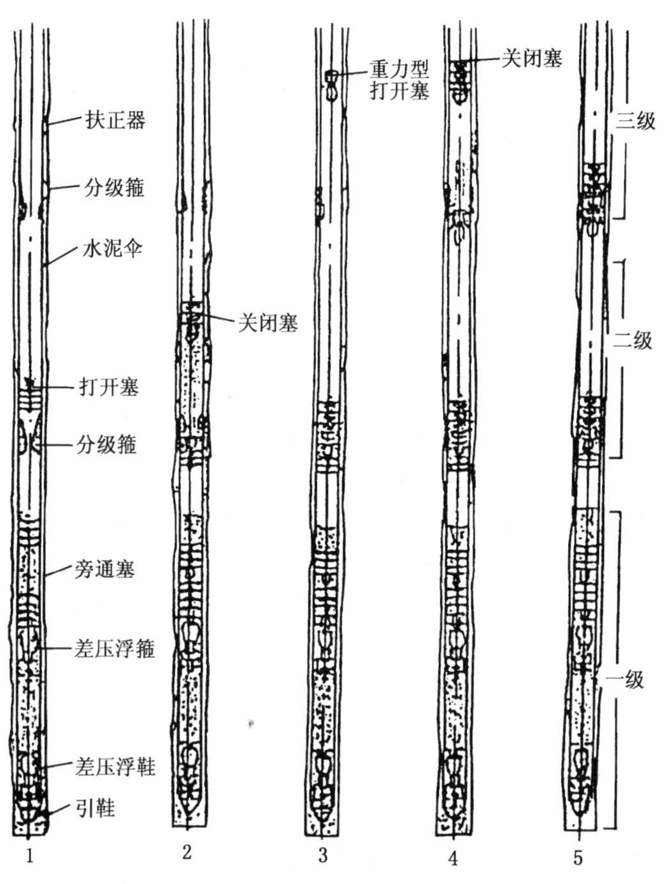

图 4－15　三级注水泥流程

13.1　准备工作

13.1.1　钻台

1）液气大钳、气动（液压）绞车运转正常，气动（液压）绞车吊绳、提丝、吊钩封口安全可靠。

2）吊卡、卡瓦、安全卡瓦灵活好用。

3）护丝不变形，螺纹干净，B型大钳及旋绳备用。

13.1.2 场地

1）绳套、绷绳连接是否牢固，滑轮固定可靠。

2）撬杠、垫杠。

13.2 工作程序

1）司钻上提吊卡到二层台，井架工扣好吊卡，上提钻具放入小鼠洞，用液气大钳卸扣，如大直径的钻铤无法使用液气大钳，应使用B型大钳松扣，旋绳卸扣。

2）上好提丝或拴好绳套（钻铤上好提升短节），用气动（液压）绞车将单根提出鼠洞，戴好护丝，顺坡道滑下，将两根垫杠横向放在滑道上，钻具平放在垫杠上，取下提丝或绳套。

3）对于坡道坡度小，不能自由下滑时，要采用绷绳甩钻具方式，挂好滑轮，拴好绳套配合下滑。

4）把放在滑道上的钻具排放在钻杆架上，取下提丝或绳套并排放整齐。

5）下方钻杆：

下套管前先把水龙头挂入大钩上提，放入井口用B型大钳将方钻杆上接头，松扣后放入大鼠洞。钻具甩完后，将方钻杆提出大鼠洞，滚子补心坐于转盘上。卸掉滚子补心，上提方钻杆，戴好护丝，绷方钻杆下坡道，当水龙头距离钻台1m左右时将刹把刹死，缠好棕绳，用气动（液压）绞车上拉棕绳卸扣，拴好钢丝绳套，用另一台气动（液压）绞车绷方钻杆下坡道。

6）下水龙头：

下放游车，气动（液压）绞车配合，使水龙头平放在钻台面上。砸开水龙带活接头，用气动（液压）绞车吊住水龙头吊环，打开大钩钩口，气动（液压）绞车与游车配合，摘开大钩，带好护丝。

7）用钢丝绳拔出大小鼠洞，从坡道绷下。

13.3 安全要求

1）二层台扣好吊卡提起钻具后，尽快取掉兜绳，司钻与井架工配合好，防止下放钻具挂兜绳。

2）卸扣采用旋绳时，猫头操作者应与井口人员配合好，防止把手带入造成伤害。

3）使用绷绳时，绳套拴好并挂好滑轮，待人员离开危险区（滑道前及绷绳两侧 10m）、确认滑道上无影响滑行的物体后，由指挥员（井架工或副司钻）发出指示，然后才能使用绷绳绷钻具。

4）使用 B 型大钳松扣时，内外钳工在大钳咬紧钻具接头、离开大钳旋转范围后，司钻才能合死自动猫头松扣。

5）猫头绳完好无毛刺，长度适宜。

6）绷钻铤时，每次只能绷一根，钻杆每次最多两根。

7）方钻杆松扣，应注意“反扣”，防止再次上紧，造成松扣困难；卸完扣时，注意防止水龙头下落伤人。

8）上提丝、提升短节或拴绳套必须紧固牢靠，防止脱落造成伤害。

9）拔鼠洞的钢丝绳套直径应大于 18.5mm，并且用双股接两个大尺寸卸壳连接好，大钩上提时应缓慢，不得猛提，以免造成伤害。

14 甩防喷器

14.1 准备工作

1）准备好强力扳手、扳手等工具。

2）准备好两根直径 22mm 等长钢丝绳套、两根直径 15.9mm 钢丝绳套。

14.2 工作程序

1）拆下防喷器的液控管线、连接短节，堵好油孔。

2）吊住溢流管（喇叭口）后拆溢流管与防喷器之间的连接螺栓，甩出溢流管。

3）挂两根 ϕ22mm 等长钢丝绳套，用游车吊住防喷器，拆四通两翼闸门连接螺栓，卸掉套管头与四通或升高短节之间的连接螺栓，上提防喷器，盖好井口，严防落物。

4）用两台气动（液压）绞车自钻台前方放下吊钩，用 ϕ15.9mm 钢丝绳套挂在四通两侧。

5）所有绳套经检查挂牢后，其他人员撤离危险区，在专人指挥下，操作人员同时上提气动（液压）绞车，司钻与之配合下放游车，将防喷器缓慢拉出，平放于大门坡道下。

14.3 安全要求

1）各绳套要挂牢。

2）指定专人指挥，不得同时多人指挥。

3）作业时人员要避开危险区。

钻机拆卸

1 ZJ40L 钻机

1.1 井架的下放与拆卸

1.1.1 工作程序

1）操作程序与起升操作程序相反，即先整理、拆除钻台辅助工具，再拆下梯子、钻台偏房、大门坡道、安全滑道、高架槽、高压立管与高压平管连接处、井架内外铺板及飘台等。

2）将二层台的操作台翻起固定，并将绳索及工具固定牢靠。

3）从井架上取下起放井架的三角平衡架，下放大钩，挂好三角平衡架，锁住大钩保险装置，上提游车，翻起起放井架三角架并用销子固定好，再上提游车并拉直井架起放大绳。

4）连接好缓冲液压缸的液压管线，卸掉底座左、右支架上的 M56 球绞连接螺栓（或其他固定连接方式）。

5）井架前方放好高支架，缓慢顶出缓冲油缸的活塞杆，根据活塞杆伸出速度操作刹把，将井架缓缓顶过死点，使井架平稳放在摆放好的高支架上，放松大绳，卸掉死、活绳头。

6）抽出大绳，收好井架附件，拆井架并分段置于井架搬运支架上卡牢。

7）拆下猫头绞车、转盘传动装置、转盘、转盘大梁、猫头绞车大梁、立柱盒、人字架、底座、机房及泵房设备。

8）拆固控设备、连接管线及栏杆等。

1.1.2　安全要求

1）放井架时要有专人指挥，分工负责。

2）放井架时除操作、指挥人员外，外部人员不得进入井场，其他工作人员站在安全位置。

3）环境恶劣，如大风、大雨、雾雪等天气时，禁止放井架。

4）起吊拆下的设备时，必须注意人身安全。

1.2　抽大绳

1.2.1　工作程序

1）井架放倒后，把死绳头松开，绳子从死绳固定器上取下，把护绳器卸开，取下钢丝绳。

2）将大绳抽倒装置的滚筒对正死绳方向，接通动力源（气、电、液）。

3）缓慢操作大绳抽倒装置，用人工扶正钢丝绳，使钢丝绳在滚筒上排列整齐，如大绳抽倒装置功率不足，用绞车倒挡，人员配合倒出绞车滚筒余绳。松开护绳头卡子并抽出活绳头，直至把大绳抽完。

4）把活绳头用棕绳固定在大绳抽倒装置上。

1.2.2　安全要求

1）在死绳固定器松开钢丝绳作业时，防止钢丝绳扭劲伤人。

2）活绳头下钻台或过天车时，钻台下前方、井架下面及天车前方不允许站人，避免伤害。

3）中途钢丝绳绳头遇卡，不得硬拉，应设法解除钢丝张紧状态，解除遇卡现象。

2　ZJ20K 撬装钻机

2.1　井架的下放与拆卸

2.1.1　井架收缩

2.1.1.1　工作程序

1）操作程序与起升操作相反，即先整理、拆除钻台辅助工具，拆下梯子、钻台偏房、大门坡道、安全滑道、高架槽、高压立管与高压平管连接处、铺板及飘台等。

2）上井架摘开井架上体、中体、下体之间照明电路的防爆插销，拔出承载安全销。

3）将游车大钩停留在钻台面以上 1.5m 处，把伸缩中体专用钢丝绳挂牢在大钩副钩内，挂合滚筒离合器，提升游车，缓慢地将井架中体拉伸出超过承载销 100mm 时，松开滚筒离合器，压下刹把，向下拉中体承载销控制阀，确保承载销全部缩回井架承载梁内。然后缓慢松开刹车，使井架中体徐徐落下，直至井架中体回落到位。

4）摘开伸缩中体专用钢丝绳将其挂牢在井架内侧。

5）重复上述 3）的操作，压下刹把，向下拉上体承载销控制阀，确保承载销全部缩回井架承载梁内，然后缓慢松开刹车，使井架上体徐徐落下，直至井架上体回落到位，同时确保起升吊杆回落到“F”挂钩内。

6）摘开伸缩上体专用钢丝绳将其挂牢在井架内侧。

7）将承载销控制阀拉回中位。

2.1.2　井架下放

2.1.2.1　工作程序

1）将井架起放专用人字架及绳索吊至钻台面，并安装好；人字架背拉绳两死端用销轴与固定座连好；井架起放专用钢丝绳死端和背拉绳导向滑轮用销轴连接在人字架上端；大钩套环安装在大钩主钩内，并将井架起放专用钢丝绳活端挂牢在大钩的套环内。

2）将50kN液压绞车钢丝绳活端绕过前支架及钻台前侧滑轮后，缠牢在井架下体前大腿上，准备放倒井架。

3）取下井架前大腿下部销轴。

4）压紧刹把，操作50kN液压绞车，拉紧液压绞车钢丝绳。此时应慎重操作液压绞车控制手柄和刹把，缓慢放松刹把，利用液压绞车将井架拉离90°位置，缓慢平稳地将井架放于前支架上，继续松开刹把，直至大钩落回托架上，起升装置落回到钻台面上。

5）摘开起放井架专用钢丝绳，将起升装置及绳索拆下，吊放于安全处。

2.1.2.2 安全要求

1）放井架时要有专人指挥，分工负责。

2）放井架时除操作、指挥人员外，外部人员不得进入井场，其他工作人员站在安全位置。

3）遇环境恶劣，如大风、大雨、雾雪等天气时，禁止放井架。

4）起吊拆下的设备时，必须注意人身安全。

2.2 抽大绳

2.2.1 工作程序

1）井架放倒后，把死绳头松开，绳子从死绳固定器上取下，把护绳器卸开，取下钢丝绳。

2）将大绳抽倒装置的滚筒对正死绳方向，接通动力源（气、电、液）。

3）缓慢操作大绳抽倒装置，用人工扶正钢丝绳，使钢丝绳在滚筒上排列整齐，如大绳抽倒装置功率不足，用绞车倒挡，人员配合倒出绞车滚筒余绳，松开并抽出活绳头，直至把大绳抽完。

4）把活绳头用棕绳固定在大绳抽倒装置上。

2.2.2 安全要求

1）在死绳固定器松开钢丝绳作业时，防止钢丝绳扭劲伤人。

2）活绳头下钻台或过天车时，钻台下前方、井架下面及天车前方不允许站人，避免伤害。

3）中途钢丝绳绳头遇卡，不得硬拉，应设法解除钢丝张紧状态，解除遇卡现象。

3 电动钻机

3.1 井架的下放与拆卸

3.1.1 工作程序

1）操作程序与起升操作相反，即先整理、拆除钻台辅助工具，拆下梯子、大门坡道、安全滑道、高架槽、高压立管与高压平管连接处、液压升降机等。

2）将二层台操作台翻起固定，并将绳索及工具固定牢靠。

3）将起放支架挂在大钩上，上提游车，拉紧起放底座钢丝绳后，打掉底座与人字架前腿上端的销轴，将底座缓慢下放至接触缓冲油缸活塞杆，慢慢收回活塞杆，用销子把上座与基座固定，打掉人字架前腿下端的销轴，下放游车使人字架坐在基座上。然后，从大钩上取下底座起放支架。

4）在大钩上挂好井架起放平衡滑轮，上提游车，拉直起放井架大绳，连接好缓冲液压缸液压管线，卸掉固定井架的“U”型卡子。

5）井架前方放好高支架，缓慢顶出缓冲油缸活塞杆，根据缓活塞杆的伸出速度操作刹把，将井架缓缓顶过死点，使井架平稳放在摆放好的高支架上，放松大绳，卸掉死、活绳头。

6）抽出大绳、收好井架附件，拆井架并分段置于井架搬运支架上卡牢。

7）拆下井架起放人字架、电控箱及连接线路、电缆槽、参数仪表、钻台偏房、转盘、绞车主体及动力机组、横梁、支架、前铺台、绞车前后梁、立柱台、上柱及立柱等。

8）拆柴油发电机组的消音器、房子之间的防雨板、机组之间的柴油进出管线、供气管线和气源净化设备之间的连接管线；拆 SCR（MCC）房连接电气线路。

9）拆固控设备、连接管线及栏杆等。

3.1.2　安全要求

1）放井架时要有专人指挥，分工负责。

2）放井架时除操作、指挥人员外，外部人员不得进入井场，其他工作人员站在安全位置。

3）遇环境恶劣，如大风、大雨、雾雪等天气时，禁止放井架。

4）起吊拆下的设备时，必须注意人身安全。

3.2　抽大绳

3.2.1　工作程序

1）井架放倒后，把死绳头松开，绳子从死绳固定器上取下，把护绳器卸开，取下钢丝绳。

2）将大绳抽倒装置的滚筒对正死绳方面，接通动力源（气、电、液）。

3）缓慢操作大绳抽倒装置，用人工扶正钢丝绳，使钢丝绳在滚筒上排列整齐，如大绳抽倒装置功率不足，用绞车倒挡，人员配合倒出绞车滚筒余绳，松开并抽出活绳头，直至把大绳抽完。

4）把活绳头用棕绳固定在大绳抽倒装置上。

3.2.2 安全要求

1）在死绳固定器松开钢丝绳作业时，防止钢丝绳扭劲伤人。

2）活绳头下钻台或过天车时，钻台下前方、井架下面及天车前方不允许站人，避免伤害。

3）中途钢丝绳绳头遇卡，不得硬拉，应设法解除钢丝张紧状态，解除遇卡现象。

第五部分

基本管理制度

生产管理制度

为保证现场钻井施工作业正常进行，特制定本制度。

1）每口井开钻前，组织有关人员按工程、地质设计要求进行技术交底，清楚本井的基本情况和主要技术要求。

2）钻井队应每天召开一次生产会，参加人员包括：全体在队干部、成本员、材料员、司钻大班、机电大班、钻井液技术员（大班）和各生产班司钻、副司钻和机电工。生产会由队长主持，钻井工程师（技术员）做记录，总结当天生产工作，安排次日生产任务，并对其他重大生产问题进行研究。

3）生产指令通过《班组作业任务书》或《交接班记录》下达，其中，钻井技术参数和技术措施由钻井技术员填写，其他生产内容及注意事项由当班值班干部填写，当班值班干部负责在班后会进行讲评，当班司钻要在《班组作业任务书》或《交接班记录》上签字。

4）严格执行生产汇报制度，根据生产管理部门规定的时间汇报，若井上发生重大情况及时汇报。

5）生产过程中要认真执行生产作业指令和工程、地质设计，针对实际钻进地层的变化，采取相应技术措施。

6）加强计划性和预见性，生产安排要周到，组织要严密。大班要随时掌握生产动态和分管设备的运转状况，及时排除机械故障。干部要严格执行《干部值班制度》。

7）下套管、固井、测井、中途测试、原钻机试油等特殊作业，要提前做好准备工作，召开副司钻以上的生产骨干参加的生产会，由钻井工程师（技术员）进行技术交底，队长向各生产班组布置任务，并讲清在特殊作业过程中应注意的问题，征求各方意见，编制特殊作业预案。值班干部负责协调与其他生产单位的配合工作。

8）搬迁安装作业前，要召开职工大会，对搬迁工作进行合理安排，各生产班组要分片包干，做到分工明确，互相配合。队长负责全面组织、协调，其他干部跟班督促和指挥生产班组安全、高效地完成生产任务。

9）对违犯本制度的行为，按照公司有关规定和钻井队内部考核分配办法进行处罚。

HSE 管理制度

为保证 HSE，ISO14001，OSH 体系执行，预防事故，确保岗位人员坚守岗位，严格执行操作规程和各项 HSE 措施，做到人员安全操作、设备安全运转、环境无污染等，特制定本制度。

1）成立 HSE 领导小组，队长任组长，成员由书记、副队长、机械工程师、电气工程师、技术员、司钻大班和机电大班等组成。副队长主管 HSE 管理，HSE 监督员由副队长兼任或由公司配备（或派驻）。领导小组负责组织全队的 HSE 管理活动和督促、检查各项安全工作。

2）坚守岗位，严格履行岗位职责。严格执行防火、防毒、防爆、防喷、防卡、防人身事故及防污染事故等各项规定，按 HSE“两书"运行，依 HSE“一表”检查，制定事故应急预案，确保 HSE 生产。

3）每周进行一次 HSE 活动。检查一周各项 HSE 管理制度、安全措施及安全操作规程执行情况，查隐患、找教训、抓防范，做到预防为主，安全先行。

4）各种设备、工具、用具特别是各种安全设施，实行专人负责，按规定要求定期检查、维护和更换，保证灵活好用。

5）上岗按要求穿戴劳动保护用品，所有人员上钻台必须戴安全帽，高层作业必须系好安全带，严格执行操作规程，不违章操作。

6）井场严禁吸烟，禁止在井场用明火或烧荒，工作需要动火必须办理动火审批手续并制定严密的防护措施。

7）钻井队用电设备不准带病运行，凡外壳破裂残缺的各类开关、灯头、插座，绝缘外皮破裂的电线，破裂的绝缘管、瓷瓶等不准使用。

8）井场照明的线路要架空，井架、机泵房、钻井液循环系统的电气设备和照明器具应符合防爆要求，井场探照灯应有专线控制。

9）新参加工作人员必须进行一周以上安全技术教育和现场实习，并订立师徒合同方可上岗，单独操作前必须进行考核，不合格者严禁单独顶岗。

10）刹把操作、井控操作、电气焊操作、电工操作等人员必须有相应的特殊岗位操作证。

11）禁止在队期间喝酒（包括含酒精类饮料），工作中不准打闹，不得脱岗、串岗、睡岗。

12）班前会必须强调 HSE 作业注意事项，对各岗操作人员提出 HSE 要求，班后会讲评总结 HSE 生产情况。

13）钻井队在生产期间每周至少组织一次 HSE 检查，岗位随时进行 HSE 检查，对发现的问题及时整改，消除隐患，杜绝事故，并认真做好 HSE 活动记录。

14）遇特殊作业施工，必须制定专项 HSE 技术措施，指导各项作业。

15）建立职工健康档案，每年对职工进行一次健康检查工作。

16）对违犯 HSE 管理制度的行为，参照 HSE 管理考核规定进行处罚。

技术管理制度

为满足工程施工要求，保证钻井队严格按工程设计技术指令进行钻井施工，特制定本制度。

1）严格按工程设计的技术标准、专业技术部门的技术指令组织钻井施工。

2）结合生产实际，积极推广和应用钻井新技术、新工艺，总结经验，积极开展技术创新，不断提高钻井速度和工程质量。

3）每口井开钻前，根据钻井工程、地质设计，结合钻井队实际情况，制定具体技术措施，并组织实施。

4）坚持科学打井，优选钻井参数，根据地层优选钻头及钻井参数，钻头入井前要计算水力参数，优选喷嘴组合；钻头起出后检查、分析钻头使用情况，并做好记录。

5）加强钻具管理，严格执行《钻具管理制度》，特殊钻具及工具入井前，要绘制草图，钻具倒换做好记录。

6）取心工具下井前要认真检查，严格执行取心技术措施。

7）做好地层压力预测和监测工作，随时掌握地层压力情况，合理选择钻井液密度。

8）按设计要求对井斜、方位进行监测，根据井斜、方位变化优选钻具结构和钻井参数。

9）严格执行井控管理制度，防止井喷事故。

10）搞好钻井工程资料管理，各类数据做到齐、全、准，完井后写出技术总结。

11）对新技术、新工艺的推广与应用情况及施工中形成的技术经验、技术诀窍和技术资料，作为企业的技术秘密，未经上级主管部门许可，不许向外透露和提供。

12）对违犯本制度的行为，按照公司有关规定和钻井队内部考核分配办法进行处罚。

井控工作管理制度

为做好井控工作，有利于发现和保护油气层，防止井喷、失控和着火事故的发生，保证井控工作的顺利开展，特制定本制度。

1）成立井控领导小组，队长和工程技术员分别担任组长和副组长，成员由钻台大班和各生产班组的正、副司钻组成。

2）每日交接班，值班干部、司钻必须布置井控工作任务，检查讲评本班井控工作。每周召开一次以井控安全为主的安全会议，对本周井控工作进行讲评，并对下周井控工作重点进行安排。

3）钻井队干部、正副司钻、技术员、司钻大班和井架工都应接受井控培训，经考核合格取得井控操作证。

4）对送到井场的防喷器由工程技术员负责检查验收。检查内容包括：管具工程技术处的试压报告，防喷器型号是否与设计书要求一致。检查无误后进行安装。

5）全套井控装备在井上安装好后，工程技术员按设计要求组织试压。

6）钻井队按要求配齐钻具内防喷工具、井控监测仪器，并定期进行检查和保养。

7）按要求进行防喷演习，并做好记录。

8）钻开油气层前必须向全队职工进行地质、工程、钻井液和井控装备等方面的技术措施交底；严格执行钻开油气层前的申报、检查、验收制度；未经验收和审批不得擅自钻开油气层。

9）加强地层对比，做好随钻地层压力监测工作，根据监测结果，按修改设计审批程序，调整钻井液密度。从打开油气层到完井，要落实专人坐岗观察井口和循环罐液面变化。钻开油气层后，起钻前要进行短起下并循环观察测后效，要控制起下钻速度，起钻时要及时灌满钻井液并校核灌入量，起完钻要及时下钻，检修设备时必须保持井内有一定数量的钻具，并观察出口管钻井液返出情况。

10）坚持每起下一趟钻对闸板防喷器开、关活动，并对环形防喷器试关井（在有钻具的条件下）。

11）钻井队应定岗定人定时对井控装备、工具进行检查、维修、保养，并认真填写保养检查记录。

12）对违犯本制度的行为，按照有关规定进行处罚。

质量管理制度

为保证相关质量标准的贯彻落实，坚持质量第一，树立高效、优质、低耗的观念，切实提高每项工程质量，特制定本制度。

1）队长、工程技术员全面负责钻井工程质量，队长是钻井队质量工作的第一责任人。

2）安装工作必须执行安装质量标准，开钻前按照相关行业标准组织有关人员对设备安装质量进行验收。

3）钻井过程中严格执行工程设计和操作规程，严格控制各工序的施工质量，保证井身质量，保护好油气层。

4）认真搞好下套管前的裸眼井深质量和固井准备工作，严格执行固井设计，配合固井施工，保证固井质量。

5）各岗人员必须执行岗位责任制，严格质量检查制度。实行钻井队自查自检和专业部门检查相结合，做到工作符合质量标准，检查验收有记录。

6）取全、取准钻井、地质、录井、钻井液等第一手资料，提前做好电测准备工作，保证电测一次成功。

7）完井后，按设计安装完井井口装置；拆迁设备时保护好井口。

8）因违章而造成质量事故，依照相关管理规定，对责任人进行经济处罚和行政处分。

材料成本管理制度

为控制材料消耗，搞好经济核算，加强钻井队成本管理，提高经济效益，特制定本制度。

1）成立钻井队成本管理小组，由队长任组长，组员包括书记、副队长、技术员、各路大班、成本员、材料员等，负责全队的控耗增效工作。

2）按照单井预算，制定本井材料消耗计划和成本控制措施，把成本分解到工序，落实到班组、岗位。

3）严格按生产需要领、发料，做到施工有预算、消耗有定额、领料有记录、完工有核算。坚持修旧利废，努力降低成本。

4）单井分析进行钻井进尺、实际材料消耗与计划和定额比较，分析消耗及成本增减原因，制定措施，堵塞漏洞。

5）认真执行上级的劳务结算规定和劳务结算价格。完井时要及时收集整理材料及劳务结算单，并严格审查原始结算单据，把好劳务结算关。

6）严格控制差旅费，按标准限额正确掌握和使用办公费、杂品费。

7）建立健全基础资料。各类原始记录（凭证）、台账、报表，做到齐、全、准，保存完好，并按规定及时上报。

8）对违犯本制度的行为，按照公司有关规定和钻井队内部考核分配办法进行处罚。

干部值班制度

为加强班组管理，组织、指挥、监督、检查班组各方面工作，确保钻井生产正常进行，特制定本制度。

1）正常生产和特殊作业，每一个生产班必须有一名队干部值班。值班干部全面负责当班的生产组织、工程质量、劳动纪律、设备管理和安全生产。

2）按《值班干部巡回检查路线及内容》逐项逐点认真检查，掌握当前生产、设备、人员总体动态。

3）负责下达生产任务，并填写《班组作业任务书》或《交接班记录》，督促、落实《班组作业任务书》或《交接班记录》所布置的工作，按《班组作业任务书》或《交接班记录》要求进行重点抽查。

4）负责处理当班生产中出现的问题，严把质量关，对违章者有权停止其工作；遇发生重大问题或复杂情况，应及时汇报，并组织现场处理，防止事态进一步恶化。

5）对当班时送到井场的材料、油料、设备部件及管具，值班干部负责组织、清点、验收，并做好记录。

6）负责督促检查各项工艺技术措施、操作规程、QHSE管理体系的执行，杜绝人为事故发生。当班时由于人为原因而造成的人身、井下、设备事故和环境污染，值班干部应负主要领导责任。

7）必须参加当班班前、班后会，并进行讲评，提出下班工作建议并向下班值班干部认真交接。

8）负责检查当班原始资料记录，做到齐全、准确、整洁。

9）对违犯本制度的行为，按照公司有关规定和钻井队内部考核分配办法进行处罚。

巡回检查制度

为切实做到定时、定点对生产的重要部位进行全面检查，掌握情况，发现问题，排除隐患，确保安全生产，特制定本制度。

1）各岗位人员要保持高度的责任心，按本岗巡回检查路线、检查项点、检查内容，认真细致地检查。检查中发现问题要及时整改，重大问题要及时请示汇报，对事故隐患要及时排除，保障HSE生产。

2）巡回检查要求：各岗位接班前进行巡回检查，交班前陪同接班人员进行检查，上班过程中应经常巡回检查。

3）没有按规定的检查路线、检查内容和规定的检查要求进行巡回检查，因漏检而引起生产事故，依照相关规定对责任人进行经济处罚和行政处分。

4）值班干部负责监督、检查各岗位巡回检查情况，协调处理巡回检查中出现的问题和争议。

5）班前会要对巡回检查情况进行讲评，并组织班组人员对存在问题进行整改。

6）对违犯本制度的行为，按照公司有关规定和钻井队内部考核分配办法进行处罚。

交接班制度

为搞好班组之间工作交接，保证生产连续进行，特制定本制度。

1）接班人员必须按规定穿戴劳动保护用品，提前半小时按巡回检查路线和检查内容，逐项逐点进行检查。

2）交班人员必须提前做好交班准备，随时解答接班人员提出的问题，对需要并能够整改的问题，立即整改，不把应该并能够整改的问题留给下班。司钻、副司钻必须在岗位上交接。

3）交接班主要交清以下内容：

（1）生产进展情况。

（2）井下情况。

（3）设备运转状况。

（4）各项交接资料。

（5）仪器仪表的使用状况及材料消耗情况。

（6）修旧利废情况。

（7）HSE生产及预防、保护措施。

（8）为下一班准备情况。

（9）工作注意事项。

4）各岗交接班要做到“三一”、“四到”、“四报”：

（1）“三一”：对重点的生产部位要一点一点的交接，对重要的生产数据要一个一个的交接，对主要的生产工具、用具要一件一件的交接，并做好记录。

（2）“四到”：对应当看到的要看到，应当摸到的要摸到，应当听到的要听到，应当闻到的要闻到，逐项、逐点面对面交接。

（3）“四报”：交班人对每一个巡回检查项点要一报名称，二报现状，三报问题，四报措施，向接班人交清。

5）交接班必须严肃认真，交接明确，如有下列情况不得交接班：

（1）井下情况不清。

（2）各种记录和资料不全、不准、不清洁。

（3）设备按规定必须保养而未保养的。

（4）配件需要更换而未更换的。

（5）准备工作应做而未做的。

（6）环境卫生应搞而未搞的。

（7）工具、用具不全（丢失必须按规定赔偿）。

6）交接班要分别召开班前、班后会，进行工作安排和民主讲评。

7）交接中发生争执或短时间内不能整改的问题，服从值班干部裁决。

8）对违犯本制度的行为，按照公司有关规定和钻井队内部考核分配办法进行处罚。

设备管理制度

为预防设备事故，落实设备管理职责，保证设备处于良好状况，特制定本制度。

1）成立设备管理小组，副队长任组长，成员由机械工程师、电气工程师、司钻大班、机电大班、材料员等组成，负责全队设备管理，保证每台设备的完好。

2）设备必须实行定机、定人、定岗、定责管理。

3）各种设备必须按规定保养周期进行强制保养，确保保养质量，不得超保、漏保。

4）设备运转、保养记录、设备档案、机油化验记录等原始记录资料齐全，填写必须及时、准确、整洁、不漏项，各资料保存完好，按规定时间及时上报资料。

5）操作时严格执行设备操作规程，操作人员要做到“四懂三会”（懂原理，懂结构，懂用途，懂性能；会操作、会保养、会排除故障）。合理使用设备，严禁超速、超负荷运转。

6）油水实行定人、定点、定质、定量、定期监测管理。柴油做到“一沉淀，三过滤”，机油“五过滤”，强制过滤，密闭输送，黄油密闭保存，加油容器、工具齐全完整，油品标号相符，冷却水水质符合设备用水要求。

7）设备吊装、运输时必须使用相应规格的绳套并挂牢，运输时固定好设备，防摔坏设备。

8）每口井开钻前，对设备安装质量按质量负责制和有关规定认真进行检查、验收，不符合规定要求必须整改合格后方可开钻。

9）每口井完井前，对设备进行一次全面检查、保养，制定现场检修和送修计划，及时上报设备管理部门。

10）设备管理小组定期对设备进行如下检查：

（1）做到所有设备满足 HSE 和完成各项生产任务需要。

（2）设备性能良好，零件、部件完整齐全。

（3）设备功率达到额定功率要求。

（4）设备紧固、调整、清洁、润滑、防腐符合要求。

（5）各班组设备运转、保养记录等资料填写齐全、准确，无涂改伪造。

11）不经公司设备主管部门论证、许可，钻井队不得对主要设备进行切割、焊接等改变设备状态或性能的操作。

12）对于违反设备操作、维修保养规定，造成设备事故和经济损失的，依照相关规定对责任人进行处罚。

13）对违犯本制度的行为，按照公司有关规定和钻井队内部考核分配办法进行处罚。

材料（油料）管理制度

材料（油料）消耗在钻井生产成本中占有相当大的比例，材料（油料）管理的好坏直接影响钻井队的经济效益。为加强钻井队材料（油料）管理，确保钻井生产优质、高效、低耗，实现经济效益最大化，特制定本制度。

1）根据单井成本预算，制定本井材料和油料消耗计划。

2）随时掌握钻井生产状况，根据钻井进度、施工工艺和材料消耗计划提前领取各种材料，不因材料问题而影响钻井生产的正常进行。

3）每口井召开一次材料分析会，核查整口井用料是否合理，认真总结经验，降低材料消耗。

4）修理用料，要做到物尽其用，工完料尽，余料送交库房。

5）严格做好从物资供应部门领出材料的验收和材料的入库验收及油料现场验收，保证材料和油料的数量与质量，对有质量问题和数量不足的，及时向主管部门汇报，或向物资供应部门提出退货。

6）材料的发放实行主管队长审批制，并做好领料登记，对应交旧领新的必须收回旧料和做好回收登记及修旧利废工作。

7）加强油料管理。各生产班组确定专人负责用油管理，做好本班油耗记录，掌握每口井耗油数据，严防火灾和盗窃破坏，做好废油料的回收和搬迁中油料的转运工作。

8）建立健全材料明细账。材料入、出库必须及时做好登记，发料、领料双方都要在登记簿上签字，并定期对库房进行清查、盘点，保证账、卡、物一致。

9）加强库房管理，材料按规定分类摆放、定位、编号、挂牌，杜绝外来人员和不相关人员进入库房，露天堆放材料做到下垫上盖。

10）严格按照“推陈出新、先进先出、按规定发料、节约用料”的原则发料，以防材料因失效、霉变等造成经济损失。

11）因管理不善而导致材料过期不能使用，对其责任人按钻井队相关管理规定进行处罚。

12）对违犯本制度的行为，按照公司有关规定和钻井队内部考核分配办法进行处罚。

钻具管理制度

为了加强钻井队钻具管理，避免因钻具问题造成井下情况复杂，确保井下安全，特制定本制度。

1）对到井钻具严格进行验收检查，对照送料单，认真清点、核对，并按规格做好记录，如实物与料单不符，在送料单上注明并加盖钻井队公章。

2）对送井扶正器的外径、长度、棱长、棱外径进行测量，不符合要求的不能入井。

3）对送井钻铤内、外径进行测量，外径及壁厚达不到要求的不能入井。

4）严格钻具的对口管理，工程技术员、场地工要对钻具进行检查、丈量、编号、登记，并与地质人员进行核对，对不能使用的钻具分开摆放并做好标记。

5）钻具上、下钻台必须戴护丝，做到入井钻具螺纹干净，螺纹脂涂抹均匀，按规定扭矩将扣上紧。

6）钻具要定期倒换，应错扣起钻。

7）起、下钻时，井口内外钳工应注意检查钻具有无刺漏、刺裂、接头偏磨、弯曲等现象，发现后要立即更换，并做好记录。

8）钻进中要优选钻井参数，如果蹩跳现象严重，要及时调整钻井参数，避免在严重蹩跳中钻进，并随时掌握泵压变化，正确判断井下情况，以防钻具事故发生。

9）钻井队不得对钻具进行割、焊，如遇粘扣无法卸开等特殊情况时需请示公司主管部门，同意后方可切割。

10）因钻具检查不细或使用不当，造成钻具事故，对责任人按相关规定进行处罚。

11）对违犯本制度的行为，按照公司有关规定和钻井队内部考核分配办法进行处罚。

岗位练兵制度

为调动职工学习基础知识和岗位操作技能的积极性和主动性，特制定本制度。

1）由队长、技术员、大班及有丰富实践经验的高级技术工人组成岗位练兵领导小组，负责制定年度岗位练兵计划和组织领导全队岗位练兵工作。班组由司钻负责组织。

2）根据年度计划和所承钻井的工艺要求，结合职工技术状况制定出单井业务技术学习和岗位练兵计划。制定的计划应具有针对性，有利于所承钻井高速、优质、安全地完成。

3）岗位练兵坚持以岗位为主、自学和集体组织学习相结合，专业理论学习和岗位操作相结合，提高各岗位理论知识水平；开展对手赛、单项作业赛、集体表演赛、选拔赛、班组对抗赛等活动，不断提高各岗位操作技能，达到“四过硬”：

（1）设备上过硬：达到“四懂三会”，即懂设备构造、懂工作原理、懂设备性能、懂工艺流程；会操作，即会维修保养、会排除故障。

（2）操作上过硬：动作熟练，熟悉操作规程，按标准操作，协同动作好。

（3）质量上过硬：各项工作达到质量标准。

（4）复杂情况下过硬：有安全知识，能判断和处理各种类型的故障和事故。

4）定期进行技术考核，掌握全队各岗的技术状况，认真填写培训考核记录，并将考核结果作为奖罚和人员使用的依据。

5）对违犯本制度的行为，按照公司有关规定和钻井队内部考核分配办法进行处罚。

资料信息管理制度

为加强钻井资料、信息管理，为钻井生产决策及各项管理提供可靠依据，提高钻井队基础管理工作水平，特制定本制度。

1）钻井队资料信息包括钻井施工过程中的各种记录、数据、报表、管理制度、文件、标准、台账等文字性材料以及计算机内储存的信息、有关软件。

2）资料、信息的形成严格执行相关体系标准以及上级主管部门的规定和要求。

3）所有资料的填写必须用碳素或蓝黑墨水，便于长期保存。资料书写规范，不允许用繁体字、简写字，不得随意涂改。

4）资料必须按当时情况真实填写，禁止事后补填和编造虚假资料。

5）钻井队资料、信息按岗位责任制要求，实行归口管理。队长负责对资料的日常管理工作进行监督检查。

6）所有上报资料应经队长审查签字后按时上报相关专业主管部门，需留副件的必需保留副件。

7）资料、信息按规定实行归档制度和销毁制度。按月、季或年整理、装订，存放于专门的资料柜，资料柜钥匙由队长管理。资料超过规定保存年限，经队长批准，实行统一销毁。

8）资料的查阅、借出实行队长审批制。未经队长同意，任何人不得借阅和向外提供资料。

9）加强资料管理，严防资料丢失。若发现资料丢失，应及时向队长汇报，采取补救措施。

10）人员岗位变动，资料交接属于工作交接的一项主要内容，若资料交接不清，钻井队不许本人离岗或离队。

11）对违犯本制度的行为，按照公司有关规定和钻井队内部考核分配办法进行处罚。

队伍管理制度

为规范钻井队职工行为，提高队伍整体素质，树立良好的市场形象，增强市场竞争力，特制定本制度。

1）全队职工必须认真学习党的路线、方针、政策，坚持四项基本原则，树立正确的人生观、道德观，热爱集体，增强主人翁责任感，遵守国家的法律、法规和企业的规章制度。

2）严格执行以岗位责任制为主的各项规章制度和管理制度，按《岗位基本操作规范》和《钻井施工主要工序基本操作要求》作业，建立和维护正常的工作秩序。

3）钻井队人与人之间，班组与班组之间要相互帮助，关系融洽，团结友爱，树立良好的队风。

4）遵守劳动纪律，上、下班不迟到不早退，不得擅自离岗、睡岗。

5）严格考勤，由班组长负责，坚持一日一考，月末由队长审核后按实际出勤情况发放工资。

6）严格请销假，职工没有特殊情况不得请假，请假 1 天以内由班长审批，3 天以内由队长审批，3 天及以上由上级人事部门审批，请假、销假按有关规定办理手续。

7）禁止喝酒、严禁打架斗殴、赌博、损公肥私和倒卖企业财物。

8）加强职工生活管理，改善职工生活，开展多种有益的文化娱乐活动，增强职工身心健康。

9）搞好食堂和宿舍内外环境清洁卫生，做好卫生防疫工作。

10）外来人员到队需食宿的，要向队领导报告，经批准后方可食宿。

11）在井队期间，下班休息时间不允许外出，若未经井队领导同意，私自外出所造成的一切后果，责任自负。

12）对违犯本制度的行为，按照公司有关规定和钻井队内部考核分配办法进行处罚。

职工行为守则

1）认真执行华北石油管理局“求实创新，争优图强"的企业精神和“一切适应市场需要”的经营理念。

2）遵守“爱国守法，明礼诚信，团结友善，勤俭自强，敬业奉献”的公民道德规范。

3）遵守企业的规章制度，坚守工作岗位，遵守劳动纪律。

4）爱护公物，不损公肥私和倒卖企业财物，见义勇为，勇于和损害企业利益的行为做斗争。

5）生活方式健康，劳逸结合，不酗酒、不赌博、不打架斗殴。

6）团结友爱，相互帮助，严于律己，宽以待人。

7）讲究卫生，爱护环境。

思想政治工作制度

思想政治工作制度是保证职工队伍稳定，实现职工与党和国家利益在思想和行动上保持高度一致，充分发挥党组织、共青团、工会的作用，搞好钻井队精神文明建设的一项重要制度。

1）按照上级党委的部署，制定年度思想政治工作计划，并分步实施。

2）依照钻井队思想政治工作要求，结合钻井队职工思想动态和钻井生产实际，抓好形势任务教育，确保生产经营工作顺利开展。

3）抓好对职工的日常思想教育，采取多种形势组织动员全体党员做思想政治工作，开展面对面的谈心活动，全面促进党群和干群关系。

4）利用思想政治工作的原则和基本方法，充分调动职工的积极性、创造性，保证出色地完成生产经营任务。

5）抓好典型，建立一支以党团员为骨干的思想政治工作队伍，充分发挥其骨干作用，抓好队伍的思想作风建设，关心职工思想、工作、学习和生活。

6）坚持层层汇报、每口井及重点工作前的动员制度，落实好调查研究、考核评比、岗位责任制等制度。

7）坚持每季度进行一次职工思想情况分析制度，有计划地做好经常性的思想政治工作。

8）坚持每口井、每个月进行一次总结的制度，定期向职工通报生产经营情况，总结经验教训，表扬先进。

9）帮助、指导、协调行政与工会、基层团组织的工作，并依据各自的特点开展思想政治工作。

10）落实党员和职工思想政治学习制度，党员干部政治学习每月不少于一次，职工每月不少于一次，上级文件及指导精神要随时学习贯彻，并定期检查学习质量和效果。